基于多域融合的复合维度通信关键技术

冯永新　刘　芳　周　帆　钱　博　著

科学出版社

北京

内 容 简 介

为了应对新一代通信系统中的高保密性和抗干扰性等需求，尤其是高传输数据率等要求，本书在借鉴现有的有效通信技术基础上，进一步挖掘信号时频码域特性，利用特征参数统计规律，探究复合维度信息传输新方法，进而从电磁波幅频相、信息码相关性和通信链路等多角度提高传输的抗干扰性，确保通信过程的可靠性，从而为能抗干扰、抗截获、抗欺骗的数据链隐蔽通信提供可借鉴的理论方法。

本书对于通信工程、航空航天、电子信息等相关专业领域的研究人员、工程技术人员、高校教师和研究生等具有较高的参考价值。

图书在版编目（CIP）数据

基于多域融合的复合维度通信关键技术/冯永新等著. —北京：科学出版社，2020.6

ISBN 978-7-03-063749-9

Ⅰ. ①基…　Ⅱ. ①冯…　Ⅲ. ①通信技术－研究　Ⅳ. ①TN

中国版本图书馆 CIP 数据核字（2019）第 283164 号

责任编辑：王喜军/责任校对：樊雅琼
责任印制：吴兆东/封面设计：壹选文化

科学出版社出版
北京东黄城根北街 16 号
邮政编码：100717
http://www.sciencep.com

北京建宏印刷有限公司 印刷
科学出版社发行　各地新华书店经销

*

2020 年 6 月第 一 版　开本：720 × 1000　1/16
2020 年 6 月第一次印刷　印张：14 3/4
字数：300 000

定价：128.00 元
（如有印装质量问题，我社负责调换）

前　言

为发挥信息化战场上通信系统的工作效能，建立高效、可靠的数据通信链路是基本保证。考虑开放的信号传输方式也导致潜在的被截获、识别、破译和干扰的危险，因而通信需要具有较高的保密性，通过对传输的信息进行加密或隐藏等处理，确保通信过程的安全。随着信息化战场作战环境的日益复杂，干扰与反干扰、控制与反控制的矛盾越发尖锐，面向通信系统的数据链需具有智能化的能力，可敏捷自主适应复杂电磁环境，在拒止、干扰、欺骗和入侵等高危情况下，始终保持通信过程的可靠性、保密性和抗干扰性等通信需求成为重中之重。

随着应用需求的不断提高，扩频通信又对其通信能力提出了新要求。考虑通信系统在执行任务时，收发双方相互之间可能需要传输大量的指令和数据，例如，无人平台系统间传输任务指令、控制数据、共享视频和图像数据，所要求的信息传输速率也随着应用需求不断提高，因此，需要通信系统具备更高的数据传输速率，从而确保高效的协同控制、任务分配与信息共享。

因此，为确保信息化战场上通信过程的保密性和抗干扰性，以及应对高效应用需求所亟待解决的高数据传输速率提升困难等要求，应该在借鉴现有的有效通信技术基础上，进一步挖掘信号时频码域特性，利用特征参数统计规律，探究复合维度信息传输新方法。为此，作者开展基于多域融合的复合维度通信关键技术研究，在国防科工局基础研究项目（No.2018X）的支撑下，本书进行了高效传输的共性技术研究，将其中部分研究成果进行汇总而撰写成本书，从而为相关领域的研究工作提出新思路和新方法。

首先，借鉴抗干扰扩频通信体制的技术优势，本书对信号时频码域等多域统计特性进行了深入挖掘，立足电磁波幅频相、信息码相关性和通信链路等多角度提高传输的抗干扰性，利用时频码域间互融及多融的可行性，确立了以DFH、DSSS、OFDM 为基础的多域融合通信体制。为实现信息传输隐蔽和信息传输速率的提升，以 DFH、DSSS 及 OFDM 通信系统作为一维信息传输载体，本书构建了二维信息与幅频相等信号参数和时频码域等多域特征间的关联映射，从而建立了基于多域融合的复合维度信息传输通信模型。

进一步，为提高传输过程的抗干扰性和数据传输速率，本书提出了基于FH-DFH、DFH-OFDM、MS-DSSS 的复合维度信息传输方法。其中，基于 FH-DFH复合维度信息传输方法的核心机理是以 DFH 通信体制为基础，从控制信号频域变换和时域特征出发，通过 MFSK 等调制方式实现对 DFH 中 G 函数映射的频点、频差控制，完成二维信息的复合传输。基于 DFH-OFDM 复合维度信息传输方法采用 OFDM 进行一维数据传输，同时引入 DFH 通信体制中的 G 函数对 OFDM 中的多子载波的频率选取进行控制，频率选取与二维数据需满足预定的关联映射条件，从而实现二维信息传输。基于 MS-DSSS 复合维度信息传输方法的核心机理是将多码应用技术引入常规 DSSS 中。采用 DSSS 体制进行一维数据传输，通过具有正交特性的码集构造、伪码分选等核心策略，引入附加的二维数据，并建立关联映射机制，进一步与处理后的一维数据进行相应的基带处理，从而实现二维信息传输。

在此基础上，以复合维度通信体制为载体，在未改变原通信体制的条件下，提出了一种二维信息矩阵关联认证方法，可为保密通信提供新思路、新方法。进而，通过基于多准则约束的传输重构模型的建立，为复合维度信息传输技术提供了更灵活、更通用的应用模式。

本书研究工作中，作者要感谢课题组所在的辽宁省"信息网络与信息对抗技术"省级重点实验室和辽宁省"通信与网络技术"省级工程中心所提供的研究平台和条件；本书研究成果要感谢课题组所在的"通信与网络工程中心"

研究团队的积极协作。本书的撰写，除了作者外，还得到了团队成员田明浩、刘猛、隋涛、蒋强、张德育、张文波等的大力支持，以及研究生修养、王佳琦、黄金菡等的努力配合。

　　由于作者的能力有限，书中难免存在不足与疏漏，敬请广大读者批评指正。

作　者

2019 年 8 月 1 日

目　录

第1章 扩频通信关键技术

1.1 扩频通信体制

为了应对抗干扰、抗截获、抗欺骗的应用需求，系统通信链路常采用直接序列扩频[1-5]、跳频[6-10]、差分跳频[11-18]、正交频分复用[19-22]（orthogonal frequency division multiplexing，OFDM）等多种通信技术。

1.1.1 DSSS 通信体制

直接序列扩频（direct sequence spread spectrum，DSSS）[23-28]是目前应用最广泛的一种扩频方式。它是将要发送的信息用伪随机码扩展到一个很宽的频带上，在接收方，利用相应的逆处理技术将频带进行压缩。对于干扰信号，其与伪随机码不存在相关性，在接收方被扩展，使落入信号通频带内的干扰信号功率显著降低，从而提高了相关器的输出信噪比，达到了系统抗干扰的目的。

在 DSSS 中，通常对载波进行相移键控（phase shift keying，PSK）调制，为了节约发射功率和提高发射方的工作效率，扩频通信系统常采用平衡调制器，抑制载波的平衡调制对提高扩频信号的抗侦破能力也有利。在发射方，待传输的数据信号与伪随机码（简称伪码）波形相乘（或与伪随机码进行模二和运算），形成的复合码对载波进行调制并发射；在接收方，需产生一个和发射方的伪随机码同步的本地伪随机码，对接收信号进行解扩，解扩后的信号送到解调器进行解调，恢复传送的信息。

以二元直接序列扩展频谱（简称扩频）通信系统为例，本章讨论直接序列扩展频谱通信系统的数学模型。假设系统的调制方式为 PSK，系统通信机理如图 1.1 所示。

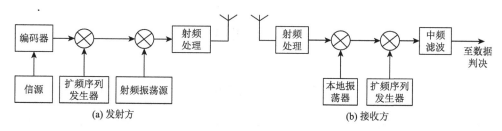

图 1.1　直接序列扩展频谱通信系统通信机理框图

发射方输出的 PSK 信号通常写为

$$f(t) = A\cos(2\pi f_0 + \varphi_m(t) + \varphi_0(t)) \tag{1.1}$$

式中，f_0 为载波频率；A 为载波振幅；$\varphi_0(t)$ 为载波的初始相位；$\varphi_m(t)$ 为二进制序列所控制的载波相位。为了运算方便，假设：$A=1$，$\varphi_0(t)=0$。若规定二进制序列中的"1"对应于 $\varphi_m(t)=\pi$，则有

$$f(t) = \begin{cases} \cos(2\pi f_0 t), & \text{二进制序列为"0"} \\ -\cos(2\pi f_0 t), & \text{二进制序列为"1"} \end{cases} \tag{1.2}$$

可见，这种调制信号可等效为一个只取"±1"的二值波形，是一种对载波进行幅度调制的信号形式：

$$f(t) = m(t)\cos(2\pi f_0 t) \tag{1.3}$$

式中

$$m(t) = \begin{cases} 1, & \text{二进制序列为"0"} \\ -1, & \text{二进制序列为"1"} \end{cases} \tag{1.4}$$

令 $d(t)$ 表示数据流经编码后的数字信号波形；$c(t)$ 表示扩频码信号波形。$d(t)$ 和 $c(t)$ 都是二进制信号波形。为了分析方便，假设 $d(t)$ 和 $c(t)$ 是相互独立的，且 $d(t)$ 的码元宽度是 $c(t)$ 码元宽度的整数倍，信号可表示为

$$S(t) = d(t)c(t)\cos(2\pi f_0 t) \tag{1.5}$$

在传播过程中，传输信号受到各种信号和干扰信号的影响。有用信号在传输过程中一般要产生随机时延 τ、多普勒频移 f_d 和随机相移 φ。进入接收机的信号为

$$R(t) = S_1(t-\tau) + n(t) + S_i(t-\tau) \tag{1.6}$$

式中，$S_1(t-\tau)$ 为有用信号；$n(t)$ 为信道中的所有加性噪声、工业干扰等；$S_i(t-\tau)$ 为同一扩频系统的多址干扰以及其他无线电设备发出的信号，也包括有用信号本身的多径延迟以及人为干扰信号（敌方的干扰）。接收信号经射频处理后，用 $r(t)$ 表示为

$$r(t) = d(t-\tau)c(t-\tau)\cos(2\pi(f_0 + f_d)(t-\tau) + \varphi) + n(t) + S_i(t-\tau) \tag{1.7}$$

式中，$n(t)$ 表示通过射频处理后的带限加性噪声。信号进入接收机后进行与发射方相反的变换，即可恢复传输的信息。在扩频接收机中，此反变换即是解扩和解调。相关解扩即是利用扩频伪码的相关特性，进行二次扩频：

$$c^*(t) \cdot c(t) = 1 \tag{1.8}$$

式中，$c(t)$ 为扩频码波形；"$*$"表示共轭，由于 $c(t)$ 是实函数，因此 $c^*(t) = c(t)$。

接收方一般采用相干解调。$c_r^*(t-\tau)$ 是与发射方同步的本地扩频码，τ 是锁相环路提供的控制跟踪量，作为对信道随机时延 τ 的同步跟踪。本地射频

压控振荡器输出的信号为 $2\cos(2\pi(f_0+f)t+\varphi)$，其振幅为 2。$f$ 和 φ 是由锁相环路提供的同步跟踪量。设基带滤波器的冲激响应为 $h(t)$，其带宽与发射端数字信息信号带宽相同，且射频滤波器能无失真地处理信号 $s(t)$，则基带滤波器的输出为

$$v(t)=\int_{-\infty}^{\infty}h(t-\alpha)r(\alpha)c_t^*(\alpha-t)\cdot2\cos(2\pi(f_0+f)\alpha+\varphi)\mathrm{d}\alpha \qquad (1.9)$$

如果相关器是理想的，并能有效地滤除二次谐波，且射频滤波器和基带滤波器都是线性的，则建立的模型也是线性的。为了更好地理解扩频信号的解扩过程和扩频系统的数学模型，本章先只对有用的信号进行分析，假设其他干扰信号和加性噪声都为零。为此式（1.7）可简化为

$$r(t)=d(t-\tau)c(t-\tau)\cos(2\pi(f_0+f_\mathrm{d})(t-\tau)+\varphi) \qquad (1.10)$$

用式（1.10）代替式（1.9）中的 $r(\alpha)$，可以得到

$$v(t)=\int_{-\infty}^{\infty}h(t-\alpha)d(\alpha-\tau)c(\alpha-\tau)\cos(2\pi(f_0+f_\mathrm{d})(\alpha-\tau)+\varphi)$$
$$\times c_t^*(\alpha-\tau)\cdot2\cos(2\pi(f_0+f_\mathrm{d})\alpha+\varphi)\mathrm{d}\alpha \qquad (1.11)$$

由于相关器是理想的，且能有效地滤除二次谐波，设条件为

$$\begin{cases}\tau=\tau, & \text{扩频码码元同步}\\ f_\mathrm{d}=f_\mathrm{d}, & \text{频率锁定}\\ \varphi=\varphi, & \text{相位锁定}\end{cases} \qquad (1.12)$$

当此条件成立时，基带滤波器的输出信号为

$$v(t)=\int_{-\infty}^{\infty}h(t-\alpha)d(\alpha-\tau)\mathrm{d}\alpha \qquad (1.13)$$

由式（1.13）可知，只要基带滤波器能无失真地传输数字信息，经基带数

字检测器处理后，接收方即能恢复传输的信息。由上述处理过程可以看出，扩展频谱接收机提取有用信号的功能，是充分发挥了伪随机码尖锐的自相关特性而实现的。对于各种干扰信号，其与本地伪随机码不相关，在进行相关处理的过程中，干扰信号的能量被扩展到整个扩频频带内，通过基带滤波器后输出很小，从而抑制了干扰的影响。

1.1.2　FHSS 通信体制

频率跳变扩展频谱通信系统（frequency hopping spread spectrum communication system，FHSS）简称跳频通信系统[29-34]，它利用伪码序列产生跳频图案，控制频率合成器产生跳频载波，使发射跳频通信信号的载波频率随伪码的变化而变化，具有较强的抗干扰能力。跳频通信系统的通信机理如图 1.2 所示。

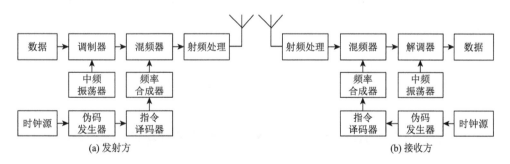

图 1.2　跳频通信系统通信机理框图

发射方的伪码发生器在时钟源控制下产生跳频图案，通过指令译码器进行译码后控制频率合成器产生频率变化的载波信号；输入数据调制到中频振荡器产生的中频载波上，再与变化的载波进行混频处理得到跳频通信信号；通过变频、功放等射频处理后，经由天线发射出去。接收方先对信号进行带通滤波、下变频等射频处理；实现伪码同步后，产生与接收信号相同的伪码序列，经指令译码器译码后，控制频率合成器产生与接收信号频率跳变相同的本地载波；利用混频器将接收信号变为频率固定的中频信号，这一过程称为对跳频通信信号的解跳；再对解跳后的中频信号利用解调器进行解调，恢复传输的数据。

设跳频通信系统发射方频率合成器可提供的载波频率数为 N，载波频率可表示为 $f_1, f_2, \cdots, f_k, \cdots, f_{N-1}, f_N$，其中，$f_k = f_0 + C_k f_\Delta$，$f_0$ 为中频频率，C_k 的取值为伪码 $c(t)$ 对应的自然数组 $1, 2, \cdots, N$ 中的一个，f_Δ 为跳频通信系统的跳频频率间隔。设一个伪码码元的持续时间为 T_C，伪码 $c(t)$ 的周期为 NT_C，$\{C_k\}$ 是周期为 N 的序列，即 $C_{k+N} = C_k$。

伪码发生器产生的数据经过指令译码器译码后得到跳频图案，频率合成器根据跳频图案，在时间间隔 T_C 内输出频率为 $f_k(k = 1, 2, \cdots, N)$ 的正弦振荡信号，在 NT_C 时间间隔内，频率为 f_k 的所有正弦振荡信号各输出一次。发射机频率合成器输出的信号为

$$a(t) = A \sum_{k=-\infty}^{+\infty} \cos(2\pi f_k t + \varphi_k) g_{T_C}(t - kT_C) \tag{1.14}$$

式中，φ_k 表示载波相位；$g_{T_C}(t)$ 表示高为 1、底边宽为 T_C 的闸门函数：

$$g_{T_C}(t) = \begin{cases} 1, & |t| \leqslant T_C/2 \\ 0, & |t| > T_C/2 \end{cases} \tag{1.15}$$

由离散频率 $f_1, f_2, \cdots, f_k$ 组成频率序列，这个频率序列的周期为 N，即 $f_{k+N} = f_k$，可得到发射方输出的信号为

$$S(t) = Ad(t) \sum_{k=1}^{N} \cos(2\pi f_k t + \varphi_k) g_{T_C}(t - kT_C) \cdot \sum_{m=-\infty}^{+\infty} \delta(t - mNT_C) \tag{1.16}$$

式中，$d(t)$ 为传送的数字信号波形。跳频信号 $S(t)$ 经信道传输受到干扰信号的干扰，假如不考虑传播损耗，接收信号可表示为

$$R(t) = Ad(t-T_d)\sum_{k=1}^{N}\cos(2\pi f_k t + \varphi_k')g_{T_C}(t-kT_C-T_d) \cdot \sum_{m=-\infty}^{+\infty}\delta(t-mNT_C) + J(t) + N(t)$$

（1.17）

式中，T_d 为信道传播时延；φ_k' 为 φ_k 经传输延迟到达接收方的载波相位；$J(t)$ 为各种干扰信号，包括同一系统内的其他多址信号；$N(t)$ 为高斯白噪声。

假设接收方对信号的处理是线性的，可以用叠加定理对干扰信号和跳频信号进行分析。设接收方频率合成器输出的本振信号为

$$b(t) = 2\sum_{k=1}^{N}\cos(2\pi(\hat{f}_k+\hat{f}_0)t+\hat{\varphi}_k)g_{T_C}(t-kT_C-\hat{T}_d) \cdot \sum_{m=-\infty}^{+\infty}\delta(t-mNT_C) \quad (1.18)$$

式中，$\hat{f}_k+\hat{f}_0$ 为接收方参考本振信号频率；$\hat{f}_k$ 为接收信号频率 f_k 的估值；$\hat{T}_d$ 为接收机信号时延 T_d 的估值；$\hat{\varphi}_k$ 为接收信号相位 φ_k 的估值。

接收信号 $R(t)$ 经带通滤波、下变频等射频处理后，与本地频率合成器输出本振信号混频，输出结果为

$$u(t) = 2Ad(t-T_d)\left(\sum_{k=1}^{N}\cos(2\pi f_k t+\varphi_k')g_{T_C}(t-kT_C-T_d)\right)$$
$$\cdot\left(2\sum_{i=1}^{N}\cos(2\pi(\hat{f}_i+\hat{f}_0)t+\hat{\varphi}_i)g_{T_C}(t-iT_C-\hat{T}_d)\cdot\sum_{m=-\infty}^{+\infty}\delta(t-mNT_C)\right) \quad (1.19)$$

假设中频滤波器是带宽为 B_0 的理想窄带带通滤波器，其传输函数为

$$H(f) = \begin{cases} \dfrac{1}{\sqrt{2}}, & |f-f_0| \leqslant \dfrac{B_0}{2} \\ 0, & |f-f_0| > \dfrac{B_0}{2} \end{cases} \quad (1.20)$$

式中，系数 $\dfrac{1}{\sqrt{2}}$ 是归一化常数。设其冲激响应为 $h(t)$，则中频滤波器的输出为

$$V(t) = \int_{-\infty}^{\infty} u(a)h(t-a)\mathrm{d}a \tag{1.21}$$

假设接收机已与发射机同步，即 $\hat{f}_k = f_k$，$\hat{T}_d = T_d$，$\hat{\varphi}_k = \varphi_k$，则有用信号通过中频滤波器的输出为

$$\begin{aligned}
v_s(t) = {} & 2\int_{-\infty}^{\infty} Ad(a-T_d)\left(\sum_{k=1}^{N}\cos(2\pi f_k a + \varphi_k')g_{T_C}(a-kT_C-T_d)\right)\\
& \cdot \left(\sum_{i=1}^{N}\cos(2\pi(f_i+f_0)a+\varphi_i)g_{T_C}(a-iT_C-T_d)\right)\cdot\sum_{m=-\infty}^{+\infty}\delta(a-mNT_C)h(t-a)\mathrm{d}a
\end{aligned} \tag{1.22}$$

根据闸门函数定义可得

$$g_{T_c}(t-kT_C)g_{T_c}(t-iT_C) = \begin{cases} g_{T_c}(t-kT_C), & i = k \\ 0, & i \neq k \end{cases} \tag{1.23}$$

式（1.23）中，$i \neq k$ 时的相乘结果为 0，则有

$$\begin{aligned}
v_s(t) = {} & \int_{-\infty}^{\infty} Ad(a-T_d)\cos(2\pi f_0 a)h(t-a)\cdot\left(\sum_{k=1}^{N}g_{T_c}(a-kT_C-T_{1d})\right.\\
& \left.\cdot\sum_{m=-\infty}^{+\infty}\delta(a-mNT_C)\right)\mathrm{d}a + \int_{-\infty}^{\infty} Ad(a-T_d)\sum_{k=1}^{N}\cos(2\pi(f_0+2f_k)a+2\varphi_k')\\
& \cdot g_{T_c}(a-kT_C-T_{1d})\cdot\sum_{m=-\infty}^{+\infty}\delta(a-mNT_C)h(t-a)\mathrm{d}a
\end{aligned} \tag{1.24}$$

假设

$$2f_k - B_b \gg \frac{B_0}{2} \tag{1.25}$$

对于所有的 k，式（1.25）均成立，其中 B_b 是数据 $d(t)$ 的带宽。可知式（1.24）

等号右边第二项的所有信号分量都落在中频滤波器的通带之外，因而其结果为 0。则由闸门函数的定义可知

$$\sum_{k=1}^{N} g_{T_c}(t - kT_C - T_d) \cdot \sum_{m=-\infty}^{+\infty} \delta(t - mNT_C) = 1 \qquad （1.26）$$

因而有

$$v_s(t) = \int_{-\infty}^{\infty} Ad(a - T_d)\cos(2\pi f_0 a)h(t - a)\mathrm{d}a \qquad （1.27）$$

由式（1.27）可见，由于 $d(t)$ 的带宽为 B_b，只要 $B_0 \geqslant 2B_b$，解跳后的中频信号可以无失真地通过中频滤波器，经解调器解调后，即可恢复出发射端传来的信号 $d(t - T_d)$。

1.1.3 DFH 通信体制

差分跳频（differential frequency hopping，DFH）通信系统[35-47]的通信机理如图 1.3 所示。在发射方待传输的信息比特流首先经过一个比特-符号转换器，按照每 r（r 是差分跳频每跳所传输的比特数）比特划分为一组信息符号流。频率转移函数（G 函数）根据当前跳所承载的信息符号和前跳的跳频频率，利用自身的映射关系得到跳频图案，控制频率合成器产生差分跳频信号，再经射频处理后利用天线进行发射。差分跳频信号接收方，对天线接收信号进行下变频、滤波等射频处理后，基于快速傅里叶变换（fast Fourier transformation，FFT）对信号频率进行检测，再采用维特比译码器识别出差分跳频信号的频率变化值，利用频率解析函数（G^{-1} 函数）获取发送的信息符号，最后通过比特-符号转换器得到传输的数据。

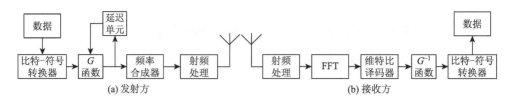

图 1.3　差分跳频通信系统通信机理框图

与 FHSS 通信过程根据伪码序列构造跳频图案不同，差分跳频信号的跳频图案由 G 函数产生。G 函数的原理是利用前跳频率 $f(n-1)$ 和当前跳传输的信息符号 $X(n)$ 通过函数映射关系得到当前的频率值 $f(n)$，表达式为

$$f(n) = G(f(n-1), X(n)) \qquad (1.28)$$

利用 G 函数产生跳频图案，其实质是根据 G 函数规则，利用信息符号在相邻两跳信号频率之间建立起一定的相关性，也可以理解为通过相邻跳信号间频率 $f(n-1)$ 和 $f(n)$ 的映射关系携带了发送的信息符号 $X(n)$，这种映射关系跳频也可称为相关跳频。

在接收方，接收信号经射频处理后，基于 FFT 进行跳频带宽内信号频率检测，识别出当前跳差分跳频信号的频率点。在不考虑多径和群时延影响条件下，每一跳差分跳频信号是一个单频信号，由于差分跳频独特的通信体制，相邻跳信号频率的变化与传输的信息符号有关，具有随机性。接收方需对跳频带宽内的所有频率同时进行检测，可利用傅里叶变换对差分跳频信号频率进行检测。

由于差分跳频信号传输信道的不确定性，可能存在某些突发干扰，造成在特定时间内傅里叶变换结果中包含干扰信号能量，从而对检测频点结果造成误判。因此，其他方法通常采用基于加窗 FFT 的滑动检测方法检测信号频率，当连续多个时间窗内的同一频点均存在信号能量时，才认为该频点可能存在信号。基于加窗 FFT 的差分跳频信号滑动检测机理如图 1.4 所示，设 FFT 时间窗为两跳时长，相邻两次运算的时间窗滑动步长为 1/2 跳时长。如图 1.4 所示，在滑动过程中，一跳差分跳频信号频点的能量可以在 FFT 检测结果中出现 5 次或 6 次，随着时间窗位置的滑动，同一差分跳频信号频点上的能量值呈现由小到大，而后由大到小的过程。

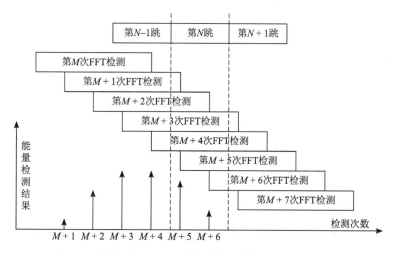

图 1.4　基于加窗 FFT 的差分跳频信号滑动检测机理框图

利用加窗 FFT 算法采用滑动时间窗可得到每跳差分跳频信号的频率，结合 G^{-1} 函数即可解析出所传输的信息符号。

$$X(n) = G^{-1}(f(n), f(n-1)) \qquad (1.29)$$

最后通过比特-符号转换器得到传输的数据。

1.1.4　OFDM 通信体制

正交频分复用技术是一种特殊的多载波传输方案，它是对传统多载波调制

（multi-carrier modulation，MCM）技术的一种改进。OFDM[48-56]技术的基本思想是把高速数据流通过串并转换，分配到多个符号速率较低且正交的子载波信道上进行并行传输，进而极大地提高频谱效率。

一个 OFDM 符号包括多个经过调制的子载波的合成信号，其中每个子载波都可以受到相移键控或者正交幅度调制符号的调制。如果 m 表示子信道的个数，T 表示 OFDM 符号的宽度，$d(i)(i=1,2,\cdots,m)$ 是分配给每个子信道的数据符号，f_1 是第 1 个子载波的载波频率，$\mathrm{rect}(t)=1$，$|t|\leqslant T/2$，则从 $t=t_s$ 开始的 OFDM 符号可表示为

$$s(t)=\begin{cases}\mathrm{Re}\left(\displaystyle\sum_{i=1}^{m}d(i)\mathrm{rect}\left(t-t_s-\frac{T}{2}\right)\exp\left(\mathrm{j}2\pi\left(f_1+\frac{i}{T}\right)(t-t_s)\right)\right), & t_s\leqslant t\leqslant t_s+T\\ 0, & t<t_s\text{或}t>t_s+T\end{cases}$$

$$(1.30)$$

进一步，可采用复等效基带信号来描述 OFDM 信号，如式（1.31）所示：

$$s(t)=\begin{cases}\displaystyle\sum_{i=1}^{m}d(i)\mathrm{rect}\left(t-t_s-\frac{T}{2}\right)\exp\left(\mathrm{j}2\pi\left(f_1+\frac{i}{T}\right)(t-t_s)\right), & t_s\leqslant t\leqslant t_s+T\\ 0, & t<t_s\text{或}t>t_s+T\end{cases}$$

$$(1.31)$$

式中，实部和虚部分别对应于 OFDM 符号的同相和正交分量，实现过程中可通过与相应子载波的正弦分量和余弦分量相乘，进而构成最终的子信道信号和合成的 OFDM 符号。OFDM 系统基本模型如图 1.5 所示，其中 $f_i=f_1+i/T$。

OFDM 系统发送端信号可表示为

$$D(t)=\sum_{i=1}^{m}d(i)\exp(\mathrm{j}2\pi f_i t)\qquad(1.32)$$

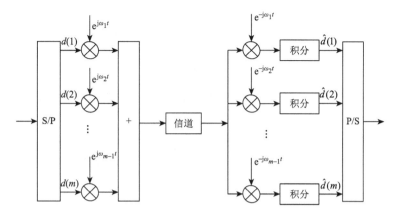

图 1.5　OFDM 系统基本模型框图

S/P 表示串并转换；P/S 表示并串转换

将子载波之间正交的条件 $f_m = f_1 + \dfrac{m}{NT}$ 代入式（1.32）可知

$$
\begin{aligned}
D(t) &= \sum_{i=1}^{m} d(i) \exp(\mathrm{j}2\pi f_i t) \\
&= \sum_{i=1}^{m} d(i) \exp\left(\mathrm{j}2\pi \left(f_1 + \frac{m}{NT} \right) t \right) \\
&= \left(\sum_{i=1}^{m} d(i) \exp\left(\mathrm{j}2\pi \frac{m}{NT} \right) t \right) \exp(\mathrm{j}2\pi f_1 t)
\end{aligned}
\tag{1.33}
$$

若只考虑式（1.33）中 OFDM 信号的等效低通部分，且对信号进行抽样，令 $t = kT$，可知

$$
X(k) = \sum_{i=1}^{m} d(i) \exp\left(\mathrm{j}2\pi \frac{mk}{N} \right), \quad 1 \leqslant k \leqslant m
\tag{1.34}
$$

易知，$X(k)$ 是 $d(i)$ 的离散傅里叶逆变换（inverse discrete Fourier transform，IDFT），其对应的离散傅里叶变换（discrete Fourier transform，DFT）如式（1.35）所示：

$$
d(m) = \sum_{i=1}^{m} X(k) \exp\left(-\mathrm{j}2\pi \frac{mk}{N} \right), \quad 1 \leqslant k \leqslant m
\tag{1.35}
$$

　　进一步，由式（1.34）和式（1.35）可知，OFDM 系统的调制和解调过程可以通过 IDFT/DFT 实现。即先通过 m 点进行 IDFT 运算，把频域数据符号 $d(m)$ 变成时域数据符号 $X(k)$，再经过射频载波调制生成 OFDM 发射信号。其中，每一个 IDFT 输出的数据符号 $X(k)$ 都是由所有子载波信号叠加而生成，即对连续的多个调制的子载波的叠加信号进行抽样得到的。这样通过 DFT 的方法来实现 OFDM 有很大的好处，它显著简化了调制解调器的设计，使用 IDFT/DFT 便可完成多路子载波的调制和解调。

　　为进一步提升计算速度，在 OFDM 系统的实现过程中可采用快速傅里叶逆变换（inverse fast Fourier transformation，IFFT）/FFT。对于常用的基 2 的 IFFT 算法，其复数乘法的次数仅为 $(N/2)\log_2 N$，以 16 点的变换为例，傅里叶逆变换和 IFFT 中所需要的乘法运算数量分别是 256 次和 32 次，而且随着子载波个数 N 的增加，这种算法复杂度之间的差距也更明显，傅里叶逆变换的计算复杂度会随着子载波数 N 的增加而呈现幂指数增长，IFFT 的计算复杂度的增加速度只是稍稍快于线性变化。对于子载波数量非常大的 OFDM 系统，可以进一步采用基 4 的 FFT 算法，其复数乘法运算的数量仅为 $(3N/8)\log_2(N-2)$。

　　在发送端，数据传输速率较大的二进制数据比特流以串行的方式输入发射端，数据传输速率为 R_b(bit/s)，二进制比特流首先进入串并转换器中，串并转换器将速率很高的比特流以串行输入的方式转换为并行输出的方式，实现了将高速数据的数据流转化成 m 个并行的低速数据流，每一路的低速比特流输入每个子信道中，分配到子信道的数据传输速率为 R_b/m。随后，m 个并行数据码流被输送到 IFFT 模块，也就是对 m 个并行数据流进行信号调制，信息数据被调制至各个子载波上之后送给并串转换器，将信号转换为串行信号以便在信道中传输。最后的模块是添加循环前缀，目的是对抗系统的多径时延扩展，避免传输过程中子载波正交性遭到破坏产生串扰。最终将已调的中频信号上变频至空地数据链工作频带范围进行传输。

在系统接收端，OFDM 系统接收端完成的是与发送端相反的操作，接收到的信号首先下变频至中频信号进行处理。由于信号在传输的过程中受到实时变化的无线信道的影响而发生一定的衰落和干扰，信号进行去循环前缀操作在一定程度上避免了在信道传输带来的影响。将信号串并转换之后送到 FFT 模块对每一路信号进行解调，最终通过并串转换器恢复原始信号。

1.2　无线通信信道特性

无线电波在空气中传输受到地球周围空间环境的影响，将会产生自由空间损耗、大气损耗、噪声、雨衰等现象。这些现象的存在使得信号具有一定的功率衰落和强度上的起伏。另外在接收方接收到的实际信号是多条传播路径的叠加，即直射、反射、衍射和散射。其中，直射是指自由空间传播；反射主要是指当无线电波遇到比波长大很多的物体时所发生的反射，反射主要发生在地表、高大建筑物、山体等地方；衍射主要是当无线电波的传播路径被尖锐边缘物体（尺寸大于波长）阻挡时，在障碍物后面会有次级波产生，如电波穿过树林时就会发生衍射；散射主要是指无线电波传播路径上出现和波长尺寸相当的物体，并且单位面积内这种物体数目巨大，即会发生散射，如粗糙表面、波动的水面等。一般无线电波在传播时，这几种现象会同时发生，由于这几种传播机制的综合影响，信号会产生衰落。通常将各类衰落分为大尺度衰落和小尺度衰落，自由空间的路径损耗、阴影衰落、大气及雨衰损耗等都是信号幅度或能量的大尺度缓慢变化，称为大尺度衰落；而多径衰落则是信号幅度或能量在小尺度上迅速变化，称为小尺度衰落。小尺度衰落和大尺度衰落是在不同的尺度范围内观察信号,是同时存在于同一个无线信道中的。对无线通信系统而言,其信道模型也主要包含大尺度衰落和小尺度衰落。

1.2.1 大尺度衰落

大尺度衰落体现为接收天线随距离变化而导致的接收信号平均功率的衰减或随机起伏,主要包括自由空间损耗、大气损耗、降雨损耗。

1. 自由空间损耗

自由空间损耗即为收发天线之间的电波在没有障碍物的外层空间中的传播,是一种理想传播。电波传播过程中,其能量既不会因障碍物吸收而发生损耗,也不会发生反射和散射。在自由空间传播过程中,假设收发信机之间距离为 d ,接收信号平均功率 P_r 可表示为

$$P_r = \frac{P_t G_t G_r \lambda^2}{(4\pi)^2 d^2 \kappa} \qquad (1.36)$$

式中, P_t 为发射信号功率; G_r 、 G_t 分别为收、发天线增益; $\lambda = c / f$ 为波长; κ 为与传播无关的系统损耗因子。收发天线增益 G_r 、 G_t 可以表示为

$$G_r = \frac{4\pi A_{\text{er}}}{\lambda^2}, \quad G_t = \frac{4\pi A_{\text{et}}}{\lambda^2} \qquad (1.37)$$

式中, A_{er} 、 A_{et} 分别表示收发天线的有效截面积。进一步,自由空间损耗可以表示为式(1.38),其中, f_{MHz} 表示信号传输频率,单位为 MHz, d_{km} 表示收发天线之间的距离,单位为 km。

$$\alpha_{\text{dir}} = 10\lg \frac{P_t}{P_r} = 32.44 + 20\log f_{\text{MHz}} + 20\log d_{\text{km}}, \quad G_t = G_r = \kappa = 0\text{dB}$$

$$(1.38)$$

2. 大气损耗

地面站或者飞行器发送的电磁波通过大气层与相应接收端进行通信时，会存在大气层的传播损耗，包括对流层中水蒸气分子、氧分子和云、雨、雾、雪等的吸收与散射。这些损耗除了与波束的仰角、气候的好坏有关外，还与电磁波的频率有很大的关系。当电磁波的频率低于 0.1GHz 时，电离层中自由电子或离子对电磁波的吸收在大气损耗中起主要作用，且电磁波频率越低大气损耗越严重；当频率高于 0.3GHz 时，其影响小到可以忽略。此外，云、雾、雨、雪等天气对电磁波传播也有影响，但这种影响与电磁波频率基本上呈线性关系，即频率越高损耗越大。大气损耗可按式（1.39）和式（1.40）进行计算。

当路径仰角 $\theta > 10°$ 时，有

$$A_g = \frac{\gamma_0 h_0 \exp\left(-\dfrac{h_s}{h_0}\right) + \gamma_w h_w}{\sin\theta} \text{ (dB)} \tag{1.39}$$

而当路径仰角 $\theta \leqslant 10°$ 时，有

$$A_g = \frac{\gamma_0 h_0 \exp\left(-\dfrac{h_s}{h_0}\right)}{g(h_0)} + \frac{\gamma_w h_w}{g(h_w)} \text{ (dB)} \tag{1.40}$$

式中，γ_0 表示氧分子损耗率；γ_w 表示水蒸气分子损耗率；h_0 表示对流层的氧气等效高度；h_w 表示对流层的水蒸气等效高度；h_s 表示通信终端的海拔；$g(h_0)$ 和 $g(h_w)$ 如式（1.41）和式（1.42）所示：

$$g(h_0) = 0.661\sqrt{\sin^2\theta + 2\frac{h_s}{R_e}} + 0.339\sqrt{\sin^2\theta + 5.5 h_0/R_e} \tag{1.41}$$

$$g(h_{\text{w}}) = 0.661\sqrt{\sin^2\theta + 2\frac{h_{\text{s}}}{R_{\text{e}}}} + 0.339\sqrt{\sin^2\theta + 5.5h_{\text{w}}/R_{\text{e}}} \qquad (1.42)$$

3. 降雨损耗

工作频率在 10GHz 以下时，降雨对电磁波的影响不是很大，而工作频率高于 20GHz 时，一定要考虑降雨引起的衰减。降雨损耗产生于雨滴对电磁波能量的吸收和散射，其主要特性取决于降雨的微观结构，如雨滴的尺度分布、温度、速度乃至形状等。

国际电信联盟（International Telecommunication Union，ITU）推荐的降雨衰减计算公式为

$$A_{\text{r}} = aR_{\text{p}}^{b}L_{\text{e}} \qquad (1.43)$$

式中，R_{p} 为降雨率，可通过 ITU 公布的数据查询；a、b 是与工作频率和极化方式有关的数值；L_{e} 是有效传播路径的长度，当路径仰角 $\theta > 5°$ 时可按式（1.44）计算：

$$L_{\text{e}} = r_{\text{p}}\frac{h - h_{\text{s}}}{\sin\theta} \qquad (1.44)$$

其中，r_{p} 为衰减因子；h 为当地零摄氏度等温线的高度；h_{s} 为地面站的海拔。

1.2.2　小尺度衰落

在通信系统不同工作状态下，信号会通过不同的信道场景，根据接收信号中是否包含视距（line of sight，LOS）分量，可将信道分为赖斯（Rician）模型和瑞利（Rayleigh）模型。当到达接收机的信号存在 LOS 分量时，信号就由占主导地位的 LOS 分量和其他散射多径分量组成，此时信号的包络服从赖斯

分布。当多径信号中不包含 LOS 分量时，接收信号由许多散射分量组成，此时信号的包络服从瑞利分布。依据课题选取的视距条件场景可知，小尺度衰落模型为赖斯模型。

当到达接收机的信号存在 LOS 分量时，小尺度衰落可由散射路径的幅度系数决定，进一步可通过赖斯因子 K_{rice} 反映。赖斯因子即 LOS 分量和散射分量的功率比，可表示为

$$K_{rice} = 10 \lg(a^2 / \delta^2) \tag{1.45}$$

式中，δ^2 表示零均值正交分量散射过程的方差；a 表示 LOS 分量和散射分量的幅度。

$$a = \sqrt{\frac{K_{rice}}{K_{rice} + 1}} \tag{1.46}$$

$$\delta = \sqrt{\frac{1}{K_{rice} + 1}} \tag{1.47}$$

由式（1.46）和式（1.47）可知，当 $K_{rice} \to 0$ 时，对应信道模型为瑞利信道，此时 LOS 分量的幅度 $a = 0$，散射分量幅度 $\delta = 1$；当 $K_{rice} \to \infty$ 时，对应信道模型为高斯白噪声信道，此时 LOS 分量的幅度 $a = 1$，散射分量幅度 $\delta = 0$。下面以无人机平台为例，不同飞行场景其对应的信道特性不同，该特性可由赖斯因子反映。无人机飞行场景如下。

1. 空中飞行场景

空中飞行场景是指无人机起飞后正向目的地飞行或从目的地返航的场景，此时无人机在空中自由飞行，周围环境相对开阔。信号包络呈现赖斯分

布，赖斯因子的范围为 2~20dB。当赖斯因子为 20dB 和 2dB 时，信道对信号影响最大。

2. 起飞和降落场景

起飞和降落场景是指飞行器还未达到正常航行速度和高度，正准备着陆或者正在起飞。此时的无人机离地面站较近，地面站附近的山坡和树林会对无人机与地面站的通信造成一定的影响。虽然该场景相对于空中飞行场景中散射分量较多，但由于无人机距离地面站相对较近，所以 LOS 分量也比较强，此时为了反映信道的影响，可取赖斯因子 $K_{rice} = 15dB$。

3. 任务区飞行场景

任务区飞行场景是指无人机已到达指定目标范围，降低飞行速度和高度，在任务区进行侦察等任务。该场景中无人机飞行高度较低，无人机与地面站之间的距离较远，所以 LOS 分量有所减弱，此时为了反映信道的影响，可取赖斯因子 $K_{rice} = 10dB$。

第2章 信号侦察技术

2.1 信号分析技术

2.1.1 信号时频分析技术

时频分析方法通过时间和频率的二维函数直观地反映了信号频率随时间的变化关系，将信号处理扩展到二维平面，使得对信号的分析可以具体到信号的特定时间和特定频率，为非平稳信号分析和处理提供非常重要的方法。时频分析方法可分为线性时频表示和非线性时频表示：线性时频表示只能提供信号粗略的时频分布，其优点是在对多信号进行分析时不会产生交叉项，其中以短时傅里叶变换（short-time Fourier transform，STFT）方法应用最为广泛；非线性时频表示方法具有良好的性质，典型的方法为 Wigner-Ville 分布（Wigner-Ville distribution，WVD）。WVD 在时频分析中有着非常高的分辨率，但由于 WVD 进行多信号分析时存在难以避免的交叉项干扰，这使其应用受到了一定的限制。在接收信号通过盲源分离，分成多路独立信号后，针对多路独立信号进行时频分析，将多路独立信号扩展到二维的平面上，通过分析时间和频率的关系特性，判断各个单路信号的时频特性，进而判断各路独立信号是否为定频信号，并为后续的信号检测[57-60]提供理论依据。下面分别对 STFT 和 WVD 进行研究。

短时傅里叶变换是一种实用的时频分析法，其基本思想是：假定非平稳信号在分析窗函数的一个短的时间间隔内是平稳的，然后沿时间轴移动分析窗，

计算出各个不同时刻的频谱。任一可测的、平方可积的信号 $x \in L^2(R)$ 的连续短时傅里叶变换定义为

$$\mathrm{STFT}_x(t,f) = \int_{-\infty}^{\infty} x(\tau) h^*(\tau - t) \mathrm{e}^{-\mathrm{j}2\pi f \tau} \mathrm{d}\tau \qquad (2.1)$$

式中，$h(\tau)$ 为时间宽度很短的窗函数；*代表复数共轭。STFT 的时频分辨率受制于窗函数的形状和宽度，窗函数一旦选定，其时频分辨率就固定了。根据 Heisenberg 测不准原理，若选择的窗函数窄（时间分辨率高），其频率分辨率就低；如果为了提高频率分辨率使窗函数变宽，伪平稳假设的近似程度便会变差，时间分辨率降低。尽管 STFT 能有效描述非平稳信号的局部性能，但当使用时频分析来描述非平稳信号的能量变化时，二次型的时频表示却是一类更加直观和合理的信号表示方法。谱图是一种二次型时频表示，定义 STFT 模值的平方为 $\mathrm{SPEC}_x(t,f) = |\mathrm{STFT}_x(t,f)|^2$，谱图能够直观地描绘信号的时频分布，而且在对信号分析时不会产生交叉项。

Wigner-Ville 分布是一种常见的二次型时频分布，其可被看作信号能量在时域和频域中的分布。设信号 $s(t)$ 的解析形式为 $z(t)$，其 Wigner-Ville 分布定义为

$$W_z(t,f) = \int_{-\infty}^{\infty} z\left(t + \frac{\tau}{2}\right) z^*\left(t - \frac{\tau}{2}\right) \mathrm{e}^{-\mathrm{j}2\pi f \tau} \mathrm{d}\tau \qquad (2.2)$$

Wigner-Ville 分布具有良好的时频聚集性，它对于线性调频信号具有很好的检测性能。对于两个分量的信号，即 $z(t) = z_1(t) + z_2(t)$，其 Wigner-Ville 分布的结果为

$$\mathrm{WVD}_z = \mathrm{WVD}_{z_1} + \mathrm{WVD}_{z_2} + \mathrm{WVD}_{z_1 z_2} + \mathrm{WVD}_{z_2 z_1} \qquad (2.3)$$

由式（2.3）可知，Wigner-Ville 分布的结果中不可避免地具有交叉项，并且当信号数量增加时，交叉项会对区分信号项与交叉项产生严重影响。

通过上面对信号时频分析研究，判定盲源分离后的多路独立信号的方法采用短时傅里叶变换方法，通过观察时频谱判断独立信号是否为定频信号，进而完成后续的信号检测工作。图 2.1 为跳频信号和定频信号在时频域中的示意图。

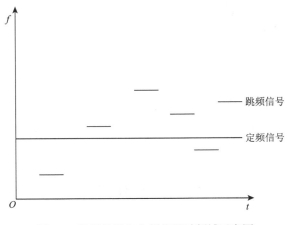

图 2.1 跳频信号和定频信号时频域示意图

通过对多路独立信号进行短时傅里叶变换并观察时频图，可以发现定频信号随着时间变化，频率保持不变，而非定频信号随时间变化，频率发生变化，可由此判定各个独立信号是否为定频信号。若某个独立信号是定频信号，则进一步判断其是否为直扩信号；若某个独立信号是非定频信号，则进一步判断其是否是跳频信号。

对信号分离后的单路信号进行初步时频分析，以确定输入信号在频域内的定频或非定频特性，在此采用上述的 STFT 方法。当输入信号为直扩信号（信噪比 –10dB）时，时频分析结果如图 2.2（a）所示；当输入信号为跳频信号（信噪比 10dB）时，时频分析结果如图 2.2（b）所示。由图 2.2（a）可以明显看出，时频分析结果近似为一直线，说明该信号具有定频特性，由此推断该信号可能是直扩信号，后续工作应进入直扩信号识别过程；由图 2.2（b）可以明显看出，时频分析结果在时频域内呈离散分布状态，说明该信号具有非定频特性，由此推断该信号可能是跳频信号，后续工作应进入跳频信号识别过程。

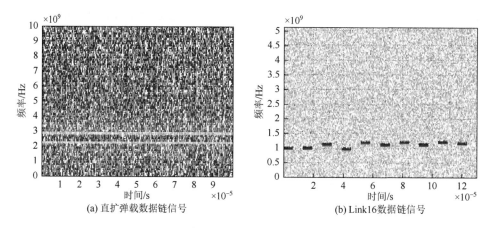

(a) 直扩弹载数据链信号   (b) Link16数据链信号

图 2.2 时频分析结果图

2.1.2 信号识别与检测方法

1. 直扩信号识别与检测技术研究

设直扩信号 $S(t)$ 的数学表达式为

$$S(t) = AD(t)P(t)\cos(2\pi ft + \varphi) + n(t) \tag{2.4}$$

式中，A 为信号的幅度；f 为载波信号的频率；φ 为载波信号的相位；$D(t) = \pm 1$ 表示传输的信息数据；$P(t) = \pm 1$ 为伪随机序列；$n(t)$ 为均值为 0 的高斯白噪声，其单边功率谱密度为 N_0。

根据接收信号中是否含有直扩信号，可分为两种情况：

$$\begin{cases} H_1 : S(t) = AD(t)P(t)\cos(2\pi ft + \varphi) + n(t) \\ H_0 : S(t) = n(t) \end{cases} \tag{2.5}$$

式中，H_1 表示有直扩信号存在；H_0 表示无直扩信号存在。

对输入信号进行正交混频处理，分别乘以 $\cos(2\pi f_{\text{local}}t + \varphi_{\text{local}})$ 和 $\sin(2\pi f_{\text{local}}t + \varphi_{\text{local}})$，其中，$f_{\text{local}}$ 和 φ_{local} 为本地载波的频率和相位。则在满足 H_1 和 H_0 条件时可得

$$
\begin{cases}
H_1:
\begin{cases}
S_I(t) = (AD(t)P(t)\cos(2\pi ft + \varphi) + n(t))\cos(2\pi f_{\text{local}}t + \varphi_{\text{local}}) \\
\quad = \dfrac{A}{2}D(t)P(t)(\cos(2\pi(f + f_{\text{local}})t + (\varphi + \varphi_{\text{local}})) \\
\qquad + \cos(2\pi(f - f_{\text{local}})t + (\varphi - \varphi_{\text{local}}))) + n(t)\cos(2\pi f_{\text{local}}t + \varphi_{\text{local}}) \\
S_Q(t) = (AD(t)P(t)\cos(2\pi ft + \varphi) + n(t))\sin(2\pi f_{\text{local}}t + \varphi_{\text{local}}) \\
\quad = \dfrac{A}{2}D(t)P(t)(\sin(2\pi(f + f_{\text{local}})t + (\varphi + \varphi_{\text{local}})) \\
\qquad - \sin(2\pi(f - f_{\text{local}})t + (\varphi - \varphi_{\text{local}}))) + n(t)\sin(2\pi f_{\text{local}}t + \varphi_{\text{local}})
\end{cases} \\
H_0:
\begin{cases}
S_I(t) = n(t)\cos(2\pi f_{\text{local}}t + \varphi_{\text{local}}) \\
S_Q(t) = n(t)\sin(2\pi f_{\text{local}}t + \varphi_{\text{local}})
\end{cases}
\end{cases}
$$

$$(2.6)$$

通过对式（2.6）进行低通滤波，滤除其高频分量，并设 $\Delta f = f - f_{\text{local}}$，$\Delta\varphi = \varphi - \varphi_{\text{local}}$，$n_I(t) = n(t)\cos(2\pi f_{\text{local}}t + \varphi_{\text{local}})$，$n_Q(t) = n(t)\sin(2\pi f_{\text{local}}t + \varphi_{\text{local}})$，则有

$$
\begin{cases}
H_1:
\begin{cases}
S_I(t) = \dfrac{A}{2}D(t)P(t)\cos(2\pi\Delta ft + \Delta\varphi) + n_I(t) \\
S_Q(t) = -\dfrac{A}{2}D(t)P(t)\sin(2\pi\Delta ft + \Delta\varphi) + n_Q(t)
\end{cases} \\
H_0:
\begin{cases}
S_I(t) = n_I(t) \\
S_Q(t) = n_Q(t)
\end{cases}
\end{cases}
$$

$$(2.7)$$

对 I、Q 支路信号 $S_I(t)$、$S_Q(t)$ 分别求延时为 τ 的自相关函数。以 H_1 情况下的 I 支路信号为例，令

$$
S_I'(t) = \frac{A}{2}D(t)P(t)\cos(2\pi\Delta ft + \Delta\varphi) \tag{2.8}
$$

则 I 支路信号以及 $S_I(t)$ 的自相关函数可分别表示为式（2.9）及式（2.10）：

$$S_I(t) = S_I'(t) + n_I(t) \tag{2.9}$$

$$R_{II}(\tau) = R_{S_I'S_I'}(\tau) + R_{S_I'n_I}(\tau) + R_{n_In_I}(\tau) \tag{2.10}$$

式中，$n_I(t) = n(t)\cos(2\pi f_{\text{local}}t + \varphi_{\text{local}})$。另外，考虑到噪声与信号的不相关性，当相关数据足够长时 $R_{S_I'n_I}(\tau) \to 0$，则对 I 支路有

$$\begin{cases} H_1 : R_{II}(\tau) = R_{S_I'S_I'}(\tau) + R_{n_In_I}(\tau) \\ H_0 : R_{II}(\tau) = R_{n_In_I}(\tau) \end{cases} \tag{2.11}$$

设 $R_{DP}(\tau)$ 表示基带直扩序列的自相关函数，高斯白噪声的单边功率谱密度为 N_0，因此 $R_{n_In_I}(\tau) \approx N_0\delta(\tau)$。进一步将直扩信号的自相关函数 $R_{S_I'S_I'}(\tau)$ 表示为

$$\begin{aligned} R_{S_I'S_I'}(\tau) &= \frac{1}{2T}\lim_{T\to\infty}\int_{-T}^{T} S_I'(t)S_I'(t+\tau)\mathrm{d}t \\ &= \frac{1}{2T}\lim_{T\to\infty}\int_{-T}^{T}\left(\frac{A}{2}D(t)P(t)\cos(2\pi\Delta ft + \Delta\varphi)\right)\left(\frac{A}{2}D(t+\tau)P(t+\tau)\right. \\ &\quad \left.\cdot\cos(2\pi\Delta f(t+\tau) + \Delta\varphi)\right)\mathrm{d}t \\ &= \frac{1}{2T}\lim_{T\to\infty}\int_{-T}^{T}\frac{A^2}{8}(D(t)P(t)D(t+\tau)P(t+\tau))\cos(2\pi\Delta f(2t+\tau) + 2\Delta\varphi)\mathrm{d}t \\ &\quad + \frac{A^2}{8}\cos(2\pi\Delta f\tau)R_{DP}(\tau) \end{aligned}$$

$$\tag{2.12}$$

进一步，可将式（2.12）表示为

$$\begin{aligned} R_{II}(\tau) &= \frac{1}{2T}\lim_{T\to\infty}\int_{-T}^{T}\frac{A^2}{8}(D(t)P(t)D(t+\tau)P(t+\tau))\cos(2\pi\Delta f(2t+\tau) + 2\Delta\varphi)\mathrm{d}t \\ &\quad + \frac{A^2}{8}\cos(2\pi\Delta f\tau)R_{DP}(\tau) + R_{n_In_I}(\tau) \end{aligned}$$

$$\tag{2.13}$$

同理，可分别求得 Q 支路的自相关函数 $R_{QQ}(\tau)$ 和 I、Q 支路的互相关函数 $R_{IQ}(\tau)$、$R_{QI}(\tau)$ 如下：

$$R_{QQ}(\tau) = -\frac{1}{2T} \lim_{T \to \infty} \int_{-T}^{T} \frac{A^2}{8} (D(t)P(t)D(t+\tau)P(t+\tau))\cos(2\pi\Delta f(2t+\tau)+2\Delta\varphi)\mathrm{d}t$$
$$+ \frac{A^2}{8} \cos(2\pi\Delta f\tau)R_{DP}(\tau) + R_{n_Q n_Q}(\tau)$$

$$(2.14)$$

$$R_{IQ}(\tau) = -\frac{1}{2T} \lim_{T \to \infty} \int_{-T}^{T} \frac{A^2}{8} (D(t)P(t)D(t+\tau)P(t+\tau))\sin(2\pi\Delta f(2t+\tau)+2\Delta\varphi)\mathrm{d}t$$
$$+ \frac{A^2}{8} \sin(2\pi\Delta f\tau)R_{DP}(\tau) + R_{n_I n_Q}(\tau)$$

$$(2.15)$$

$$R_{QI}(\tau) = -\frac{1}{2T} \lim_{T \to \infty} \int_{-T}^{T} \frac{A^2}{8} (D(t)P(t)D(t+\tau)P(t+\tau))\sin(2\pi\Delta f(2t+\tau)+2\Delta\varphi)\mathrm{d}t$$
$$- \frac{A^2}{8} \sin(2\pi\Delta f\tau)R_{DP}(\tau) + R_{n_Q n_I}(\tau)$$

$$(2.16)$$

经过对式（2.13）和式（2.14）求和，以及对式（2.15）和式（2.16）求差，可得式（2.17）及式（2.18）：

$$\mathrm{SUM}(\tau) = R_{II}(\tau) + R_{QQ}(\tau) = \frac{A^2}{4}\cos(2\pi\Delta f\tau)R_{DP}(\tau) + R_{n_I n_I}(\tau) + R_{n_Q n_Q}(\tau) \quad (2.17)$$

$$\mathrm{SUB}(\tau) = R_{IQ}(\tau) - R_{QI}(\tau) = \frac{A^2}{4}\sin(2\pi\Delta f\tau)R_{DP}(\tau) + R_{n_I n_Q}(\tau) - R_{n_Q n_I}(\tau) \quad (2.18)$$

式中，$R_{n_I n_I}(\tau)$、$R_{n_Q n_Q}(\tau)$、$R_{n_I n_Q}(\tau)$、$R_{n_Q n_I}(\tau)$ 分别如式（2.19）～式（2.22）所示：

$$R_{n_I n_I}(\tau) = \frac{1}{2T}\lim_{T\to\infty}\int_{-T}^{T} n_I(t)n_I(t+\tau)\mathrm{d}t$$

$$= \frac{1}{4T}\lim_{T\to\infty}\int_{-T}^{T} n(t)n(t+\tau)\cos(2\pi f_{\mathrm{local}}(2t+\tau)+2\varphi_{\mathrm{local}})\mathrm{d}t$$

$$+ \frac{1}{2}\cos(2\pi f_{\mathrm{local}}\tau)R_{nn}(\tau) \tag{2.19}$$

$$R_{n_Q n_Q}(\tau) = -\frac{1}{4T}\lim_{T\to\infty}\int_{-T}^{T} n(t)n(t+\tau)\cos(2\pi f_{\mathrm{local}}(2t+\tau)+2\varphi_{\mathrm{local}})\mathrm{d}t$$

$$+ \frac{1}{2}\cos(2\pi f_{\mathrm{local}}\tau)R_{nn}(\tau) \tag{2.20}$$

$$R_{n_I n_Q}(\tau) = \frac{1}{4T}\lim_{T\to\infty}\int_{-T}^{T} n(t)n(t+\tau)\sin(2\pi f_{\mathrm{local}}(2t+\tau)+2\varphi_{\mathrm{local}})\mathrm{d}t$$

$$+ \frac{1}{2}\sin(2\pi f_{\mathrm{local}}\tau)R_{nn}(\tau) \tag{2.21}$$

$$R_{n_Q n_I}(\tau) = \frac{1}{4T}\lim_{T\to\infty}\int_{-T}^{T} n(t)n(t+\tau)\sin(2\pi f_{\mathrm{local}}(2t+\tau)+2\varphi_{\mathrm{local}})\mathrm{d}t$$

$$- \frac{1}{2}\sin(2\pi f_{\mathrm{local}}\tau)R_{nn}(\tau) \tag{2.22}$$

将式（2.19）～式（2.22）分别代入式（2.17）和式（2.18）中可得式（2.23）和式（2.24）：

$$\mathrm{SUM}(\tau) = R_{II}(\tau) + R_{QQ}(\tau)$$

$$= \frac{A^2}{4}\cos(2\pi\Delta f\tau)R_{DP}(\tau) + \cos(2\pi f_{\mathrm{local}}\tau)R_{nn}(\tau) \tag{2.23}$$

$$\mathrm{SUB}(\tau) = R_{IQ}(\tau) - R_{QI}(\tau)$$

$$= \frac{A^2}{4}\sin(2\pi\Delta f\tau)R_{DP}(\tau) + \sin(2\pi f_{\mathrm{local}}\tau)R_{nn}(\tau) \tag{2.24}$$

进一步，可知

$$\mathrm{SUM}(\tau) = \begin{cases} \dfrac{A^2}{4}\cos(2\pi\Delta f\tau)R_{DP}(\tau), & \tau \neq 0 \\[3mm] \dfrac{A^2}{4}+N_0, & \tau = 0 \end{cases} \tag{2.25}$$

$$\mathrm{SUB}(\tau) = \begin{cases} \dfrac{A^2}{4}\sin(2\pi\Delta f\tau)R_{DP}(\tau), & \tau \neq 0 \\ 0, & \tau = 0 \end{cases} \qquad (2.26)$$

将 $\mathrm{SUM}(\tau)$ 与 $\mathrm{SUB}(\tau)$ 平方之后相加，则在 H_1、H_0 条件下分别有

$$H_1 : y(\tau) = \mathrm{SUM}^2(\tau) + \mathrm{SUB}^2(\tau) = \begin{cases} \dfrac{A^4}{16}R_{DP}^2(\tau), & \tau \neq 0 \\ \dfrac{A^4}{16} + \dfrac{A^2}{2}N_0 + N_0^2, & \tau = 0 \end{cases} \qquad (2.27)$$

$$H_0 : y(\tau) = \mathrm{SUM}^2(\tau) + \mathrm{SUB}^2(\tau) = \begin{cases} 0, & \tau \neq 0 \\ N_0^2, & \tau = 0 \end{cases} \qquad (2.28)$$

由式（2.27）和式（2.28）可知，在 H_1 条件下，通过对 $\mathrm{SUM}(\tau)$ 和 $\mathrm{SUB}(\tau)$ 求平方和之后，可消除信号中的载波成分对相关函数的影响。当 $\tau = 0$ 时，$y(0)$ 的输出包含信号能量、噪声能量及二者乘积；当 $\tau \neq 0$ 时，$y(\tau)$ 的输出仅与伪随机序列的自相关函数的平方有关。而在 H_0 条件下，当 $\tau = 0$ 时，$y(0)$ 的输出为噪声能量；当 $\tau \neq 0$ 时，$y(\tau)$ 的值为 0。因此，对 $y(\tau)$ 进行开平方运算即可得到 H_1 条件下的直扩信号基带调制序列的自相关函数 $\hat{R}(\tau)$。

通过正交分路相关处理去除了直扩信号中载波成分对相关函数的影响，得到了更为精准的基带直扩序列的自相关函数，利于进行自相关峰值的搜索和直扩信号的检测。

通过上面的分析，判断接收信号中是否存在直扩信号，首先要对接收信号利用正交分路相关处理求出其自相关的结果，然后对自相关的结果进行检测，确定出自相关峰值的大小和位置，最后根据判决条件来判定接收信号中是否有直扩信号存在。

由于直扩信号通常在负信噪比条件下进行传输，信号中的噪声成分对自相关结果有一定影响。随着信噪比的降低，采用固定峰值门限方式进行自相关峰

值的检测具有一定的局限性，这里采用比例门限方式进行自相关峰值的判定，根据正交分路相关处理的动态计算结果求其均值 $\bar{R}(\tau)$，计算自相关结果中不同延迟时长的自相关值 $\hat{R}(\tau_m)$ 与均值 $\bar{R}(\tau)$ 的比例 $r(\tau_m)$，如式（2.29）所示：

$$r(\tau_m) = \frac{\hat{R}(\tau_m)}{\bar{R}(\tau)} = \frac{\hat{R}(\tau_m)}{\dfrac{1}{M}\displaystyle\sum_{m=M-n}^{M}\hat{R}(\tau_m)}, \quad \tau_m \in [-t_M, t_M] \qquad (2.29)$$

式中，t_M 表示延迟时长范围。

设比例门限阈值为 λ，若满足 $r(\tau_{m'}) > \lambda$，则将局部峰值 $\hat{R}(\tau_{m'})$ 作为自相关峰值，并确定其对应延迟偏移 $\tau_{m'}$。式（2.29）中当 τ_m 取值较大并超出一个伪随机序列码元的持续时间时，则将 $\bar{R}(\tau)$ 看作噪声自相关结果的均值。由于噪声为高斯噪声，当接收数据足够长时，直扩信号的自相关函数峰值 $\hat{R}(\tau_{m'})$ 要远高于噪声的自相关结果的均值 $\bar{R}(\tau)$，其比例 $r(\tau_{m'})$ 值较高，可利用 $r(\tau_{m'})$ 实现对直扩信号自相关峰值的提取。

采用比例门限方式进行自相关峰值的判定，可避免由噪声能量过高而引起的峰值误判。在实际处理过程中需要注意的是对比例门限阈值 λ 的设定，λ 的高低直接影响峰值检测的效果，其值与直扩信号的参数、接收数据长度、延迟时间和信噪比均有关，可根据具体的算法实现条件，预先计算噪声在 $\tau_m \neq 0$ 时的最大自相关峰值与噪声平均峰值的比例，以此作为先验知识来设定合理的比例门限阈值 λ。

对经过正交分路相关处理得到的接收信号自相关结果进行搜索，通过下面三个条件判断是否检测到直扩信号：

（1）正交分路相关处理结果在一个周期内存在一个自相关峰值，且呈周期性出现；

（2）由中心向两侧随着延迟的增大，自相关峰的高度依次连续递减；

（3）直扩信号的自相关函数仅在延迟为零时有最大的自相关峰值，而随着延迟时间的增大，无局部峰值的存在。

2. 跳频信号识别与检测技术

多跳自相关检测方法利用跳频信号在多跳驻留时间内的相关性来实现对跳频信号的检测，具有较好的检测性能。基于多跳自相关的跳频信号检测方法需假设接收信号覆盖跳频信号的整个带宽，且跳频信号具有较大的处理增益，而无须预知跳频信号的跳频图案、载波相位等参数。利用多跳自相关检测法进行跳频信号检测已有较多研究，如对接收信号的自相关结果进行平方、低通滤波处理。上述方法均在多跳自相关基础上实现了对跳频信号的检测，其检测性能与多跳自相关统计量的积累时间有关，在已知信号跳驻留时间条件下进行基于自相关统计量的积累将达到最优的检测性能。

因此，在分析跳频信号多跳自相关函数的基础上，根据弹载数据链信号跳频信号与噪声信号自相关函数分布特性的不同建立检测统计量，利用多跳自相关结果对弹载数据链信号跳频信号跳驻留时间和跳速进行估计，用跳驻留时间计算检测统计量，以检测统计量和跳速为判定依据实现对弹载数据链信号跳频信号的检测。

设天线接收时长为 T 的多跳弹载数据链信号 $S(t)$ 如式（2.30）所示，满足 T 内包含 N 个整周期跳跳频信号。

$$
\begin{aligned}
S(t) &= A\cos(2\pi(f_F + D(t)\Delta f)t_F + \theta_F) + \sum_{k=1}^{N} A\cos(2\pi(f_k + D(t)\Delta f)t_k + \theta_k) \\
&\quad + A\cos(2\pi(f_E + D(t)\Delta f)t_E + \theta_E) + n(t), \quad 0 \leqslant Nt_k + t_F + t_E \leqslant T
\end{aligned}
$$

（2.30）

式中，$D(t) = \pm 1$（当输入码元为"1"时，$D(t) = +1$；当输入码元为"0"时，$D(t) = -1$）；$f_F + D(t)\Delta f$、$f_k + D(t)\Delta f$、$f_E + D(t)\Delta f$、θ_F、θ_E、θ_k、t_F、t_k、t_E 为接收跳频信号中第一个非整周期跳、N 个整周期跳和最后一个非整周期跳信号的载波频率、载波相位和时间参数，满足 $0 < t_F < T_d$，$t_F + (k-1)T_0 \leqslant t_k \leqslant t_F + kT_\theta$，$t_g + kT_0 < t_E < t_F + (k+1)T_0$，$T_0$ 为跳频信号的跳周期，满足 $T_\theta = T_d + T_c$，T_d 和 T_c 分别为一跳跳频信号的驻留时间和频率转换时间；$n(t)$ 为均值为 0、单边功率谱密度为 N_0 的高斯白噪声。

对接收信号进行自相关处理，其自相关函数为

$$R_S(\tau) = \frac{1}{T} \lim_{T \to \infty} \int_0^T S(t)S(t+\tau)\mathrm{d}t = R_{SS}(\tau) + 2R_{Sn}(\tau) + R_{nn}(\tau) \qquad （2.31）$$

式中，$R_{SS}(\tau)$ 为接收信号中跳频信号的自相关函数；$R_{Sn}(\tau)$ 为跳频信号和噪声信号的互相关函数；$R_{nn}(\tau)$ 为噪声信号的自相关函数。

由于噪声信号与跳频信号无相关性，应满足 $R_{Sn}(\tau) \to 0$，则有

$$R_S(\tau) \approx R_{SS}(\tau) + R_{nn}(\tau) \qquad （2.32）$$

对于多跳跳频信号，其自相关函数 $R_{SS}(\tau)$ 在延迟小于跳驻留时间 T_d 时为

$$R_{SS}(\tau) = R_{S_F S_F}(\tau) + NR_{S_k S_k}(\tau) + R_{S_E S_E}(\tau) + R_{S_F S_1}(\tau) + NR_{S_k S_{k+1}}(\tau) + R_{S_N S_E}(\tau)$$

$$（2.33）$$

式中，等号右边第一项为接收的第一个非整周期跳跳频信号的自相关函数；第二项为 N 个整周期跳跳频信号的自相关函数；第三项为最后一个非整周期跳跳频信号的自相关函数；第四项至第六项分别为前一跳与后一跳跳频信号的互相关函数。

在跳频信号产生过程中，通过伪码的控制，确保了跳频信号相邻跳间的频率是不同的，因此式（2.33）中当采样数据够长时，不同跳的互相关函数满足 $R_{S_F S_1}(\tau) \to 0$，$R_{S_k S_{k+1}}(\tau) \to 0$，$R_{S_N S_E}(\tau) \to 0$。此时单个整周期跳跳频信号的自相关函数为

$$
\begin{aligned}
R_{S_k S_k}(\tau) &= \frac{1}{T_d}\left(\int_0^{T_d-\tau} A^2 \cos(2\pi(f_k + D(t)\Delta f)t + \theta_k)\cos(2\pi(f_k + D(t)\Delta f)(t+\tau) + \theta_k)\mathrm{d}t \right. \\
&\left. \quad + \int_{T_d-\tau}^{T_d} A^2 \cos(2\pi(f_k + D(t)\Delta f)t + \theta_k)\cos(2\pi(f_{k+1} + D(t)\Delta f)(t+\tau) + \theta_{k+1})\mathrm{d}t \right) \\
&\approx \frac{A^2}{2}\cos(2\pi(f_k + D(t)\Delta f)\tau)\frac{T_d - \tau}{T_d}
\end{aligned}
$$

（2.34）

式中，第一跳和最后一跳非整周期跳跳频信号的持续时间无法预知，但其自相关和互相关函数与整周期跳信号相同。这里忽略了非整周期跳信号的自相关和互相关结果的影响，重点考虑整周期跳跳频信号多跳自相关结果的影响，得到跳频信号的多跳自相关函数为

$$
R_S(\tau) \approx \sum_{k=1}^{N} \frac{A^2}{2}\cos(2\pi(f_k + D(t)\Delta f)\tau)\frac{T_d - \tau}{T_d} + R_{nn}(\tau) \tag{2.35}
$$

通过对跳频信号自相关函数的分析，可得到不同延迟条件下跳频信号的自相关结果 $R_S(\tau)$，如式（2.36）所示：

$$
R_S(\tau) = \begin{cases} \sum_{k=1}^{N} \dfrac{A^2}{2}\cos(2\pi(f_k + D(t)\Delta f)\tau)\dfrac{T_d - \tau}{T_d} + R_{nn}(\tau), & 0 \leqslant \tau \leqslant T_d \\ R_{nn}(\tau), & T_d < \tau \leqslant T \end{cases} \tag{2.36}
$$

通过以上分析可知，跳频信号仍具有频率随时间变化的特点，且具有较好

的自相关性，当延迟为一个跳驻留时间内时，振荡逐渐趋近于 0。因此，可从跳频信号多跳自相关函数方面进行跳频信号检测方法的研究。

3. 信号识别与检测技术仿真

当输入信号为直扩信号，且信噪比为–10dB 时，采用上述的正交分路自相关检测方法。仿真得到其归一化自相关结果如图 2.3 所示。由图 2.3 可以看出存在明显的自相关三角峰，由此可以推断该信号为直扩信号。

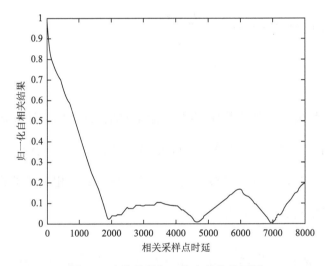

图2.3　直扩信号归一化自相关结果图

当输入信号为跳频信号，且信噪比为 10dB 时，采用上述的多跳自相关检测方法，自相关窗口长度为 9 跳。仿真得到其归一化多跳自相关结果如图 2.4 所示。由图 2.4 可以看出存在明显的自相关三角峰，且自相关结果大致分为三段：第一段归一化自相关结果值较高，第二段归一化自相关结果值较低，第三段归一化自相关结果值最低。由此可以推断此信号为跳频信号，且每跳内均含有伪随机序列。

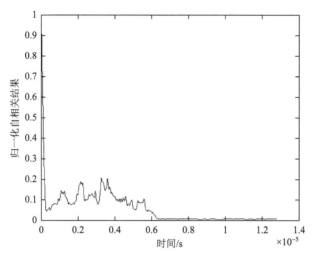

图 2.4　跳频信号归一化多跳自相关结果图

2.2　参数估计技术

2.2.1　直扩信号参数估计技术

通过对接收信号进行检测，确定存在直扩信号后，即可对其进行参数估计处理。对直扩信号常用的参数估计方法[61-66]有平方检测法、相关检测法和倒谱检测法等。对直扩信号而言，需估计其载波频率 f 和伪随机序列速率 f_c。直扩信号的参数估计需从信号的自相关特性和调制方式出发，下面分别对直扩信号载波频率 f、伪随机序列速率 f_c 的参数估计方法进行研究。

1. 载波频率参数估计

本节对采用二进制偏移载波调制方式的直扩信号载波频率参数估计方法进行研究。对于采用二进制相移键控（binary phase shift keying，BPSK）方式调制的直扩信号可利用平方处理消除伪随机序列和信息序列的影响，提取其中仅包含与载波有关的成分进行载波频率的估计。直扩信号载波频率参数估计的处理思路为：对信号进行平方处理并求其自相关结果，对自相关结果进行 FFT 得到平方后信号的功率谱，通过对载波频率的二倍频进行检测，即可得到直扩信号载波频率的估计值 $\hat{f}$。

对式（2.4）中接收到的直扩信号首先进行平方处理，结果如式（2.37）所示：

$$
\begin{aligned}
S^2(t) = & A^2 D^2(t) P^2(t) \cos^2(2\pi ft + \varphi) + n^2(t) \\
& + 2n(t) A D(t) P(t) \cos(2\pi ft + \varphi)
\end{aligned}
\tag{2.37}
$$

由于 $D(t) = \pm 1$，$P(t) = \pm 1$，其平方的结果均为 1，因此式（2.37）可改写为

$$
\begin{aligned}
S^2(t) = & A^2 \cos^2(2\pi ft + \varphi) + n^2(t) \\
& + 2n(t) A D(t) P(t) \cos(2\pi ft + \varphi)
\end{aligned}
\tag{2.38}
$$

由式（2.38）可知，平方后信号中包含了直扩信号的平方项、噪声的平方项以及直扩信号与噪声乘积的混合项。对 $S^2(t)$ 求延时为 τ 的自相关函数，则有

$$
\begin{aligned}
R_s(\tau) = & R(A^2 \cos^2(2\pi ft + \varphi)) + R(n^2(t)) \\
& + R(2n(t) A D(t) P(t) \cos(2\pi ft + \varphi))
\end{aligned}
\tag{2.39}
$$

噪声是与信号无相关性的高斯白噪声，因此在 $\tau \neq 0$ 且相关数据点数足够多时，有 $R(n^2(t)) \rightarrow 0$，$R(2n(t) A D(t) P(t) \cos(2\pi ft + \varphi)) \rightarrow 0$。则 $S^2(t)$ 的自相关函数可近似为

$$
R_s(\tau) \approx R(A^2 \cos^2(2\pi ft + \varphi)) = R\left(A^2 \frac{1 + \cos(4\pi ft + \varphi)}{2}\right)
\tag{2.40}
$$

从上面分析可以看出，直扩信号平方项中伪随机序列、信息序列在平方处理过程中变为 1，由 BPSK 调制得到的直扩信号经平方处理后变为一个频率为 $2f$ 的载波分量与直流分量之和。由于信号的自相关函数和功率谱密度互为傅

里叶变换对，通过对式（2.38）中 $S^2(t)$ 自相关结果进行傅里叶变换，即可得到 $S^2(t)$ 的功率谱密度 $P_{S^2}(\omega)$。对 $P_{S^2}(\omega)$ 进行峰值搜索可以得到直扩信号载波频率二倍频 $2f$ 的估计值，再将估计结果除以 2 即可得到直扩信号载波频率的估计值 $\hat{f}$。

由于直扩信号采用扩频体制进行信息序列的传输，其可以在负信噪比下实现信息数据的有效传输，此时采用固定门限方式对 $P_{S^2}(\omega)$ 进行峰值搜索不再适用。这里同样采用比例门限的方式实现载波频率 2 倍频峰值的搜索，定义比例门限阈值 λ 和统计量 D_{mpa}，D_{mpa} 为功率谱密度 $P_{S^2}(\omega)$ 的最大峰值和平均峰值的比值，即

$$D_{\mathrm{mpa}} = \frac{\max(P_{S^2}(\omega))}{\dfrac{1}{m}\displaystyle\sum_{\omega=1}^{m} P_{S^2}(\omega)} \qquad （2.41）$$

若满足 $D_{\mathrm{mpa}} > \lambda$，则将 $\max(P_{S^2}(\omega))$ 所对应频率 ω 作为载波信号倍频的估计值 $2\hat{f}$；否则，重新接收信号进行载波频率参数估计处理。采用比例门限方式进行载波倍频的参数估计，可避免由噪声能量过高而引起的信号峰值误判。在载波频率参数估计过程中需要注意对比例门限阈值 λ 的设定，λ 的大小直接影响载波频率参数估计性能，其值与被处理数据长度和信噪比有关，需根据算法的具体实现进行设置。

2. 伪随机码速率参数估计方法

在得到直扩信号载波频率的估计值 $\hat{f}$ 之后，利用载波频率估计值 $\hat{f}$ 提取输入信号中的基带直扩序列，通过分析基带直扩序列的自相关函数来估计直扩信号的参数。

设去除载波后的基带直扩序列 $y(t)$ 的表达式为

$$y(t) = D(t)P(t) + n'(t) \qquad (2.42)$$

式中，$n'(t)$ 为经滤波后基带信号中包含的带限高斯白噪声，均值为 0，单边功率谱密度为 N_0'。在数据接收时间 T 内，$y(t)$ 的自相关函数为

$$\begin{aligned}
R_{yy}(\tau) &= \frac{1}{T}\int_0^T y(t)y(t+\tau)\mathrm{d}t \\
&= \frac{1}{T}\int_0^T (D(t)D(t+\tau)P(t)P(t+\tau) + n'(t)n'(t+\tau) \\
&\quad + D(t)P(t)n'(t+\tau) + D(t+\tau)P(t+\tau)n'(t))\mathrm{d}t \\
&= R_{DP}(\tau) + R_{n'n'}(\tau) + R_{DPn'}(\tau)
\end{aligned} \qquad (2.43)$$

式中，$R_{DPn'}(\tau) = \frac{1}{T}\int_0^T (D(t)P(t)n'(t+\tau) + D(t+\tau)P(t+\tau)n'(t))\mathrm{d}t$。

考虑到噪声与扩频序列不具有相关性，即 $R_{DPn'}(\tau) \to 0$，因此可进一步将 $R_{yy}(\tau)$ 改写为 $R_{yy}(\tau) = R_{DP}(\tau) + R_{n'n'}(\tau)$。

通常在实际处理过程中，接收信号中包含噪声成分的影响，设在 T 时间内对数据采样 N 次，则由噪声和扩频序列的自相关函数特性可知

$$R_{yy}(\tau) = \begin{cases}
N_0' + 1, & \tau = 0 \\
1 - \left(\dfrac{|\tau|}{\tau_0}\right)\left(\dfrac{1}{N} + 1\right) + R_{n'n'}(\tau), & |\tau| \leqslant \tau_0; \tau \neq 0 \\
-\dfrac{1}{N} + R_{n'n'}(\tau), & \tau_0 < |\tau| \leqslant (N-1)\tau_0
\end{cases} \qquad (2.44)$$

当满足 $\tau \neq 0$ 且处理相关数据足够长时，$R_{n'n'}(\tau) \to 0$。为进一步消除噪声影响，可将基带扩频序列 $y(t)$ 分成 n 段，分别对各段序列求自相关，并将各段的自相关结果相加后求均值可得式（2.45）。当积累的数据段数足够多时，残余噪声的影响就将会被逐渐消除。

$$R'_{yy}(\tau) = \sum_{k=1}^{n} R_k(\tau) / n \qquad (2.45)$$

求解各段序列的自相关函数可采用基于 FFT 的快速循环相关方法，基于 FFT 的快速循环相关方法在求解数据点数较多的序列自相关函数时只需进行两次 FFT 和一次 IFFT 及少量的乘法运算即可，计算速度较快。

对直扩信号进行去载波处理得到基带直扩序列，为减少噪声对基带直扩序列的影响，对混频、滤波后的数据进行整形处理，此时噪声造成的影响转变为提取基带直扩序列的误码率，而误码率使得基带直扩序列的自相关函数具有一定的误差。为进一步提高自相关主峰和相邻副峰间连线过零点的精度，基带直扩序列的自相关结果在 $0 < \tau \leqslant T_s/2$ 条件下进行最小二乘线性拟合，即

$$\hat{R}_{yy}(\tau) = b - a\tau \qquad (2.46)$$

式中，参数 a 和 b 的取值如式（2.47）所示：

$$\begin{cases} a = -\dfrac{\sum(\tau - \overline{\tau})(R'_{yy}(\tau) - \overline{R}_{yy}(\tau))}{\sum(\tau - \overline{\tau})^2} \\ b = \hat{R}_{yy}(\tau) + a\overline{\tau_0} \end{cases} \qquad (2.47)$$

于是，进一步可由式（2.48）求得伪随机码速率 τ_0 的估计值为

$$\hat{\tau}_0 \approx \frac{b}{a} \qquad (2.48)$$

仿真中，输入的直扩信号载频为 2.500025GHz。图 2.5 所示为在不同信噪比条件下经过载频估计处理的直扩信号功率谱密度。

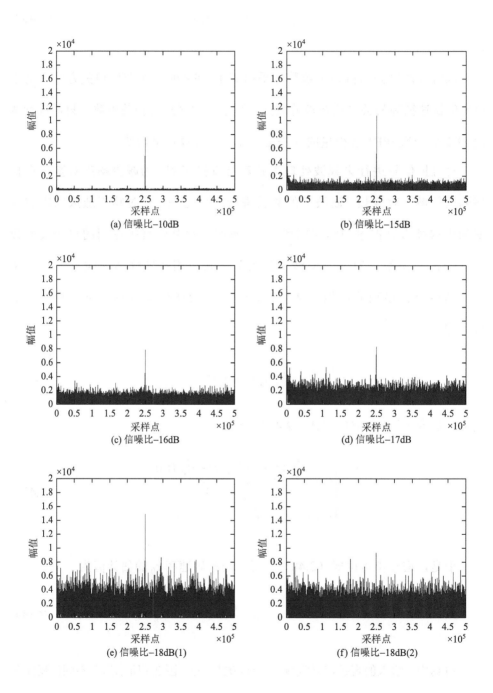

(a) 信噪比–10dB　　　　　　　　　(b) 信噪比–15dB

(c) 信噪比–16dB　　　　　　　　　(d) 信噪比–17dB

(e) 信噪比–18dB(1)　　　　　　　　(f) 信噪比–18dB(2)

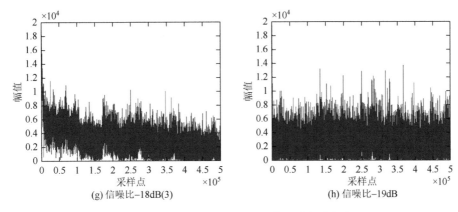

图 2.5 直扩信号载频估计处理信号功率谱密度

图中幅值单位为 dBW/Hz

仿真中，根据上述功率谱密度，在信噪比为–17dB 以上时，求得的直扩信号载波频率估计值均为 2.500025GHz，误差为 0；当信噪比为–18dB 时，进行三次仿真实验，一次估计误差为 0，一次估计误差为 15kHz，一次无法估计，证明–18dB 时为临界值；在信噪比为–19dB 以下时，无法估计。以上仿真结果表明，在信噪比为–17dB 以上时，对直扩信号载频估计均有效。

对直扩信号伪随机码速率估计采用相关法。利用上述直扩信号识别与检测中的正交分路自相关的结果，对第一个拐点进行参数估计，则从零点到第一个拐点间的时间长度即为一个码元宽度，再由估计的一个码元宽度求其倒数便可得到伪随机码速率的估计值。仿真中，利用上述的相关法，在信噪比为–10dB 条件下，伪随机码速率估计值为 10.03Mbit/s，误差为 30kbit/s，误差百分比为 0.3%。

2.2.2 跳频信号参数估计技术

通常天线接收到的跳频信号 $S(t)$ 为式（2.49）所示的实信号。当采用平滑伪 WVD（smooth pseudo WVD，SPWVD）方法对实信号进行时频分析时会出现负频率成分，该成分不但会影响时频分析矩阵的能量检测，还会造成交叉项干扰。

$$S(t) = A\cos(2\pi(f_k + D(t)\Delta f)t + \theta_k) \tag{2.49}$$

求解实信号 $S(t)$ 的解析信号可通过 Hilbert 变换实现，利用解析信号进行基于 SPWVD 的时频分析，可消除时频分析结果中的负频率成分，减少交叉项干扰的影响。式（2.49）所示的跳频信号，其 Hilbert 变换为 $\hat{S}(t) = A\sin(2\pi(f_k + D(t)\Delta f)t + \theta_k)$，则 $S(t)$ 的解析信号可表述为 $z(t) = S(t) + j\hat{S}(t)$。在实际通信工程中求解实信号 $S(t)$ 对应的解析信号 $z(t)$，可将接收信号通过正交分路混频、滤波得到信号的同相分量和正交分量，正交化处理方法具有较好的实时性。随着数字信号处理技术的发展，对于经天线接收、采样、量化处理得到的数字信号可在软件环境中利用基于 FFT 的方法求解实信号 $S(t)$ 的解析信号。设经天线接收、采样处理得到 N 个样点的信号序列 $S(n), n = 0,1,\cdots,N-1$，对其进行基于 FFT 的解析信号求解处理的主要步骤如下。

步骤一：对 $S(n)$ 进行 FFT，得到序列 $S(k)$。

步骤二：将 $S(k)$ 的后半段数据置 0，即 $S(k) = 0, k = N/2, N/2+1,\cdots,N-1$。

步骤三：对 $S(k)$ 进行 IFFT，得到 $z(n)$ 即为 $S(n)$ 的解析信号。

在与式（2.23）相同假设条件的基础上，采用欧拉公式将解析信号 $z(t)$ 改写为复包络形式，如式（2.50）所示：

$$
\begin{aligned}
z(t) = Az_m(t)\Bigg(& \exp(j(2\pi(f_F' + D(t)\Delta f)t + \theta_F))\mathrm{rect}\left(\frac{t}{t_F}\right) \\
& + \sum_{k=1}^{N} \exp(j(2\pi(f_k' + D(t)\Delta f)t + \theta_k))\mathrm{rect}\left(\frac{t-(k-1)T_0-t_F}{T_0}\right) \\
& + \exp(j(2\pi(f_E' + D(t)\Delta f)t + \theta_E))\mathrm{rect}\left(\frac{t-NT_0-t_F}{t_E}\right)\Bigg)
\end{aligned}
\tag{2.50}
$$

利用实信号 $S(t)$ 的解析信号 $z(t)$ 进行时频分析，可以消除负频率成分的影响，利于估计跳频信号的参数。

对弹载数据链信号中跳频信号 $z(t)$ 进行时频分析，就是要确定具有非平稳特性的跳频信号的能量在时间及频率的二维平面上的分布及对应的能量密度。弹载数据链信号中跳频信号 $z(t)$ 的时频能量分布 $\rho_z(t,f)$ 为

$$\rho_z(t,f) = \int_{-\infty}^{\infty}\int_{-\infty}^{\infty}\int_{-\infty}^{\infty} e^{j2\pi\nu(u-t)} g(\nu,\tau) z\left(u+\frac{\tau}{2}\right) z^*\left(u-\frac{\tau}{2}\right) e^{-j2\pi f\tau} d\nu du d\tau \quad (2.51)$$

式中，$g(\nu,\tau)$ 为一个加权函数，又称为核函数。

若令加权函数恒等于 1，即 $g(\nu,\tau)=1$，且令式（2.51）中 $u=t$，则跳频信号 $z(t)$ 的时频能量分布表示为

$$W_z(t,f) = \int_{-\infty}^{\infty} z\left(t+\frac{\tau}{2}\right) z^*\left(t-\frac{\tau}{2}\right) e^{-j2\pi f\tau} d\tau \quad (2.52)$$

式（2.52）所表示的时频能量分布，即为跳频信号 $S(t)$ 的 Wigner-Ville 分布。Wigner-Ville 分布具有较高的时频分辨率，以及很好的边缘分布特性，其对信号瞬时频率 $f_x(t)$ 和群延时 $v_x(f)$ 的估计也是无偏的。

除了对实跳频信号进行时频分析得到的负频率成分可造成干扰外，由于跳频信号频率随时间变化，不同跳的不同频率信号成分同样会产生严重的交叉项干扰。设包含两跳驻留时间的跳频信号 $z'(t)$ 为

$$z'(t) = x_n(t) + x_{n+1}(t+T_0), \quad (n-1)T_0 \leqslant t \leqslant (n+1)T_0 \quad (2.53)$$

则 $z'(t)$ 的 Wigner-Ville 分布为

$$W_{z'}(t,f) = W_n(t,f) + W_{n+1}(t,f) + 2\operatorname{Re}(W_{n,n+1}(t,f)) \quad (2.54)$$

式中，$2\operatorname{Re}(W_{n,n+1}(t,f))$ 即为跳频信号相邻两跳不同频率信号成分的交叉干扰

项，其值可能大于真实频率成分分量的值，因此限制了 WVD 在处理非平稳信号和混合信号中的应用。

为降低由跳频信号的非平稳特性造成的交叉项干扰，拟采用时域和频域对跳频信号的 WVD 结果进行平滑处理，根据处理方式的不同，可分为 PWVD 方法和 SPWVD 方法。

PWVD 是在时域进行加窗的 Wigner-Ville 分布，其定义为

$$\mathrm{PW}_z(t,f) = \int_{-\Delta/2}^{\Delta/2} h(\tau) z\left(t + \frac{\tau}{2}\right) z^*\left(t - \frac{\tau}{2}\right) \mathrm{e}^{-\mathrm{j}2\pi f \tau} \mathrm{d}\tau \qquad (2.55)$$

式中，$h(\tau)$ 是奇数长度的正实窗函数，满足 $h(0) = 1$。

设跳频信号相邻两跳的时域相乘为 $z''(t) = x_n(t) x_{n+1}(t + T_0)$，则有

$$W_{z''}(t,f) = \int_{-\infty}^{\infty} W_n(t,\eta) W_{n-1}(t, f - \eta) \mathrm{d}\eta \qquad (2.56)$$

由式（2.56）可知，两个时域相乘信号的 WVD 等于各自的 WVD 在频域上的卷积。因此，式（2.56）还可以表示为

$$\mathrm{PW}_z(t,f) = \int_{-\infty}^{\infty} W_z(t,\eta) W_h(t, f - \eta) \mathrm{d}\eta \qquad (2.57)$$

由式（2.57）可知，在进行时域加窗处理后，WVD 等效为在频域进行低通滤波处理。

若在频域对跳频信号 $z''(t)$ 进行加窗处理，其相当于在时域进行卷积，有 $z''(t) = x_n(t) * x_{n+1}(t + T_0)$，则

$$W_{z''}(t,f) = \int_{-\infty}^{\infty} W_n(\tau,f) W_{n-1}(t - \tau, f) \mathrm{d}\tau \qquad (2.58)$$

即两个信号时域卷积的 WVD，等于各自的 WVD 在时域上的卷积，其相当于在时域对 WVD 变化进行平滑处理。在时域与频域同时进行加窗的 WVD 即称为 SPWVD，其表达式为

$$\mathrm{SPW}_z(t,f) = \int_{-\infty}^{\infty} h(\tau) \int_{-\infty}^{\infty} g(u) z\left(t - u + \frac{\tau}{2}\right) z^*\left(t - u - \frac{\tau}{2}\right) \mathrm{e}^{-\mathrm{j}2\pi f\tau} \mathrm{d}\tau \mathrm{d}u \quad (2.59)$$

式中，$h(\tau)$ 和 $g(u)$ 是奇数长度的窗函数，满足 $h(0) = G(0) = 1$，$G(f)$ 为 $g(t)$ 的傅里叶变换。

通过对接收跳频信号的解析信号进行基于 SPWVD 的时频分析，得到跳频信号在时频域能量分布的时频分析矩阵 $\mathrm{SPW}_z(t,f)$，通过对 $\mathrm{SPW}_z(t,f)$ 进行检测即可得到跳频信号的参数。在实际处理过程中根据采样频率 f_s 将接收信号进行采样、量化和编码，按照采样时间顺序将接收信号变为 N 点的数字信号进行处理，变为数字信号后时频分析矩阵变为 $\mathrm{SPW}_z(N,K)$，其中，N 为随时间变化得到的采样数据点，K 为时频分析矩阵的频点参数。通过对 $\mathrm{SPW}_z(N,K)$ 进行统计分析，估计跳频信号参数。

仿真中，输入的 1 跳跳频信号中心频率为 1206MHz，则载频包含两个频率成分，即 1204.75MHz 和 1207.25MHz。图 2.6 所示为在信噪比为 10dB 条件下经过载频估计处理的跳频信号功率谱密度。

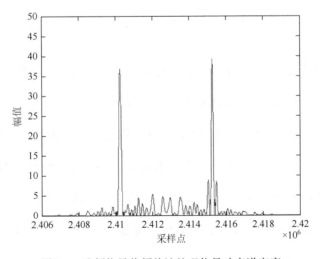

图 2.6　跳频信号载频估计处理信号功率谱密度

仿真中，根据功率谱密度，求得的跳频信号载波频率估计值分别为 1204.7492365573MHz 和 1207.2503236997MHz，误差分别为 763.4427Hz 和 323.6997Hz。

根据上述 SPWVD 方法，仿真中输入 10 跳跳频信号，信噪比为 10dB。通过仿真，可以得到时频分析数组 $P_{\max K}(N)$ 结果如图 2.7 所示。由图 2.7 可以看出，其时频分析数组具有周期振荡特性。

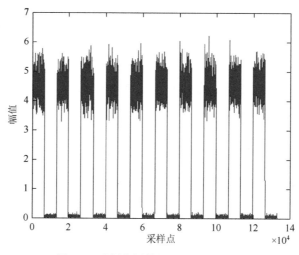

图 2.7　时频分析数组 $P_{\max K}(N)$ 结果

根据时频分析数组 $P_{\max K}(N)$，可估计出第一跳跳频信号的驻留时间为 6.3912μs，与真实驻留时间 6.4μs 相差 0.0088μs，误差很小。为了进一步提高驻留时间估计精度，对 10 跳跳频信号驻留时间进行估计并取其均值，得到的结果为 6.3925μs，误差为 0.0075μs。可见，随着估计跳数的增加，误差越来越小。对跳频信号第一跳周期估计值为 13μs，误差为 0，从而可由其倒数求得跳速为 76923Hops/s。

仿真中，进行 100 次实验，求其归一化均方误差，以验证跳周期和跳驻留时间估计方法的有效性。

100 次跳驻留时间估计结果如表 2.1 所示。由表 2.1 可得跳驻留时间估计归一化均方误差为 0.00020042。

表 2.1　100 次跳驻留时间估计结果　　　　　　　单位：μs

估计值	估计值	估计值	估计值	估计值
6.3912	6.3922	6.3902	6.3912	6.3902
6.3902	6.3922	6.3912	6.3902	6.3893
6.3902	6.3912	6.3912	6.3912	6.3912
6.3912	6.3912	6.3922	6.3922	6.3902
6.3912	6.3902	6.3902	6.3922	6.3912
6.3902	6.3893	6.3902	6.3912	6.3912
6.3912	6.3912	6.3912	6.3912	6.3922
6.3893	6.3912	6.3902	6.3912	6.3902
6.3912	6.3902	6.3902	6.3902	6.3912
6.3912	6.3922	6.3922	6.3922	6.3902
6.3912	6.3902	6.3902	6.3922	6.3912
6.3902	6.3922	6.3922	6.3902	6.3912
6.3902	6.3902	6.3912	6.3922	6.3922
6.3902	6.3902	6.3902	6.3912	6.3922
6.3922	6.3902	6.3912	6.3902	6.3902
6.3922	6.3912	6.3902	6.3893	6.3902
6.3912	6.3912	6.3912	6.3912	6.3912
6.3912	6.3912	6.3922	6.3922	6.3902
6.3912	6.3902	6.3902	6.3922	6.3912
6.3902	6.3893	6.3902	6.3912	6.3912

100 次跳周期估计结果如表 2.2 所示。由表 2.2 可得跳周期估计归一化均方误差为 0.000028391。

表 2.2　100 次跳周期估计结果　　　　　　　　　单位：μs

估计值	估计值	估计值	估计值	估计值
13.0068	13.0078	13.0058	13.0039	13.0068
13.0048	13.0068	13.0069	13.0068	13.0058
13.0079	13.0018	13.0089	13.0089	13.0069
13.0028	13.0019	13.0048	13.0058	13.0058
13.0059	13.0038	13.0079	13.0068	13.0069
13.0068	13.0059	13.0079	13.0018	13.0089
13.0089	13.0068	13.0028	13.0019	13.0028
13.0058	13.0078	13.0009	13.0079	13.0109
13.0078	13.0069	13.0078	13.0068	13.0048
13.0049	13.0048	13.0089	13.0088	13.0078
13.0089	13.0089	13.0039	13.0009	13.0088
13.0068	13.0089	13.0088	13.0058	13.0088
13.0048	13.0058	13.0038	13.0049	13.0068
13.0068	13.0068	13.0058	13.0058	13.0078
13.0068	13.0019	13.0088	13.0089	13.0068
13.0028	13.0018	13.0028	13.0059	13.0078
13.0059	13.0028	13.0108	13.0078	13.0068
13.0049	13.0068	13.0048	13.0048	13.0089
13.0088	13.0078	13.0089	13.0089	13.0038
13.0118	13.0089	13.0068	13.0089	13.0089

第3章 多域融合通信体制机理

3.1 通信体制的多域特性研究

考虑通信链路的高数据率、低功率、高保密性等特点，通常采用具有较高增益的 DSSS 体制和 FHSS 体制。此外，为进一步提高通信效率，OFDM 体制以及 DFH 体制也可成为主要技术手段。

3.1.1 FHSS 通信体制多域特性

在对 FHSS 通信机理分析的基础上，立足时域和频域对 FHSS 跳频通信信号进行多域特性分析。就时域而言，跳频通信信号先将传输数据调制到中频载波上，再通过伪码控制频率合成器产生频率跳变的载波，最后将已调制的中频载波与频率跳变的载波进行混频，产生跳频通信信号。跳频通信信号频率变化如图 3.1 所示，从时域角度观察，每经过一个伪码码元持续时间 T_C 信号的载波频率就会发生变化。就频域而言，跳频通信信号的频率变化受伪码序列控制，按照伪码序列状态，频率合成器对应输出频率跳变的载波。因

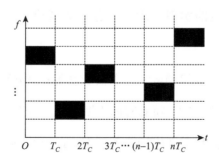

图 3.1 跳频通信信号频率变化示意图

此，伪码序列的变化规律和周期性决定了跳频通信信号的频率变化规律和周期性。

进一步，FHSS 的时域和频域特性主要表现为：跳频通信信号的载波频率受伪码序列控制，随时间不断变化，能有效地对抗频率瞄准式干扰；在信号频率跳变间隔大于信道的相干带宽，且跳频驻留时间很短时，FHSS 将具有较强的抗衰落能力；跳频通信信号的频率变化受伪码序列控制，考虑到伪码序列呈现伪随机特性，因而信号频率变化也呈伪随机特性，使得非合作方无法有效预测跳频通信信号的频率变化，当跳频速率足够高时，可有效躲避跟踪式干扰。

3.1.2　DFH 通信体制多域特性

在对 DFH 通信系统通信机理分析的基础上，立足时域和频域对 DFH 通信信号进行多域特性分析。就时域而言，DFH 通信信号根据 G 函数产生跳频图案，控制频率合成器产生差分跳频通信信号，在产生的载波上不调制数据，因而单跳信号的载波不存在幅度、频率或相位变化。从时域角度观察，DFH 通信信号的载波频率随时间变化，具有与跳频通信信号相同的时域特征。就频域而言，DFH 通信信号的跳频图案与传输的数据有关，具有较好的随机性，因而 G 函数的实现机理对差分跳频通信信号的频率变化规律具有较大影响。

进一步，DFH 的时域和频域特性主要表现为：差分跳频通信信号的载波频率受 G 函数和传输数据控制，随着时间不断变化，能有效地对抗频率瞄准式干扰；利用 G 函数和传输数据产生的跳频图案，此方法具有较强的随机性；差分跳频通信信号不将数据调制到载波上，而是利用相邻跳信号载波频率的变化携带数据，因而可以实现更高跳速、较高的数据传输速率，且具有较强的抗衰落能力和抗跟踪式干扰能力。

3.1.3　OFDM 通信体制多域特性

本节在对 OFDM 通信机理分析的基础上，立足时域和频域对 OFDM 信号进行多域特性分析。就时域而言，OFDM 先将高速数据信号转换成并行的低速子数据流，再将子数据流调制到相互正交的子载波上进行传输，就四个子载波而言，其对应的 OFDM 子信道符号时域波形如图 3.2 所示。就频域而言，由于每个 OFDM 符号在其周期内包括多个非零的正交子载波，因此其频谱可以看作周期为 T 的矩形脉冲的频谱与一组位于各个子载波频率上 δ 函数的卷积，矩形脉冲的频谱幅值为 sincfT 函数，这种函数的零点出现在频率为 $1/T$ 整数倍的位置上，OFDM 子信道符号频谱图如图 3.3 所示。

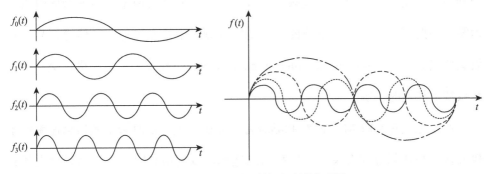

图 3.2　OFDM 子信道符号时域波形图

进一步，OFDM 的时域和频域特性主要表现为：OFDM 中每个子载波对应的调制方式可以相同也可不同，这种方式显著地提高了系统的灵活性；并行的低速子数据流使得每个子载波上的数据符号持续长度相对增加，从而可以有效地减小无线信道的时间弥散所带来的码间串扰（inter symbol interference，ISI）；

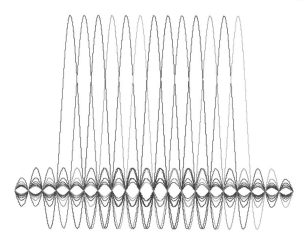

图 3.3　OFDM 系统中子信道符号频谱图

无线信道固有的频率选择性，不可能使所有的子载波都同时处于比较深的衰落情况中，可以通过动态比特分配以及动态子信道分配的方法，充分利用信噪比较高的子信道来提高系统的性能；由于窄带干扰只能影响一部分子载波，OFDM 系统可以在某种程度上抵抗窄带干扰；子信道频谱互相交叠，可极大地提高频谱利用率；由于在每个子载波频率的最大值处，所有其他子信道的频谱值恰好为零，因此可从多个相互重叠的子信道符号频谱中提取出每个子信道符号，有效避免载波干扰（inter carrier interference，ICI）；子载波之间的严格正交性是提高系统可靠性的关键。

通过上述对 OFDM 的时域和频域特性分析发现，在时域中的信息速率和子载波数目与调制方式有关，要提高信息速率可以采用高阶数字调制和增大子载波数量的方法实现。但是数字调制阶数太高容易导致符号串扰，子载波数目过高会产生极高的峰均比，致使系统可靠性降低。在频域中子载波间的正交性受到信道特性的影响，会给接收方带来极大挑战。鉴于此，可以从 OFDM 符号周期入手，一方面挖掘相邻符号周期间子载波与码的对应关系，另一方面挖掘单个符号周期内子载波跳变规律与码的对应关系，来提高系统的性能。

3.1.4　DSSS 通信体制多域特性

在对 DSSS 通信机理分析的基础上，立足时域、频域和码域对 DSSS 信号进行多域特性分析。DSSS 信号的时域特性主要体现在扩频伪码的周期特性、相关特性，设周期长度为 NT_C 的序列 $m(t)$，其自相关函数可以表示为式（3.1），其中，T_C 为码元宽度，N 为码字长度。由此可得信号的自相关函数为式（3.2）。进而自相关函数波形如图 3.4 所示，可见扩频伪码序列的周期 N 越长，其出现相关峰值的周期也越长，进一步，信号相关积累时间越长其相关峰值越明显，而相对的多峰值现象较少，甚至近似不会出现多峰现象。因此，扩频伪码信号可以通过良好的自相关特性提高自身的抗模仿能力，而且其互相关特性可以提高同步处理的信噪比，进一步为提高信号的接收效率提供理论基础。

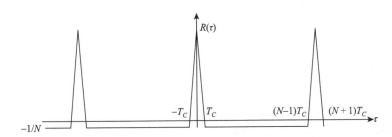

图 3.4　自相关函数波形图

$$R(t) = \frac{1}{NT_C} \sum_{i=0}^{N-1} m(iT_C)m(iT_C + \tau) \tag{3.1}$$

$$R_m(\tau) = \begin{cases} 1 - \dfrac{N+1}{N}\left|\dfrac{\tau - lNT_C}{T_C}\right|, & 0 < \tau - lNT_C < T_C, l = 0,1,\cdots \\[2mm] -\dfrac{1}{N}, & \tau - lNT_C = T_C \\[2mm] 1, & \tau - lNT_C = 0 \end{cases} \tag{3.2}$$

DSSS 信号的频域特性主要体现为频谱特性，其 DSSS 频谱图如图 3.5 所示，其中图 3.5（a）为接收机输入端频谱，图 3.5（b）为接收机混频器输出端的频谱。可见，在整个扩频系统中信息数据乘了两次伪随机码，第一次相乘后频谱被展宽，第二次相乘后频谱又被压缩还原，而干扰只乘一次伪随机码，因此在接收方可以看作对数据信息进行解扩而对干扰进行了扩频处理。因此，即使接收信号中可能存在窄带干扰、多径干扰等影响因素，但是在经过混频器处理后，有用信号被解扩，从而频带被压缩还原，而干扰信号等效被扩频处理，其频谱被进一步展宽，从而经过滤波处理后可以显著降低干扰的影响，达到抗干扰的目的。

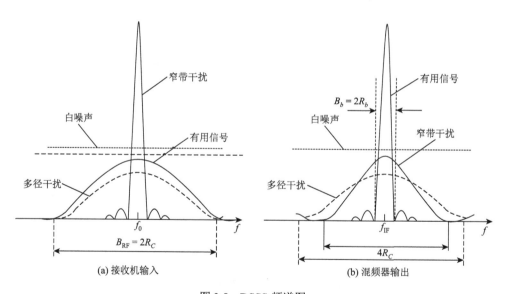

图 3.5 DSSS 频谱图

对于 DSSS 而言，除信号的时域及频域特性外，码域特性的研究也至关重要。在码域上分析，从不同角度出发，扩频伪码的分类也有所不同。其中，根据相关特性可将扩频伪码分为三类——准正交序列，狭义正交序列和广义正交序列；根据子码个数分为两类——单码和多码；根据相位分为两类——二进制形式和多相形式。对于 DSSS 信号的扩频伪码而言，通常为二进制形式，且具有准正交特性。对每一个单码而言，需要具有尖锐的自相关特性，且尽可能小的互相关值，此外，不同的码元数平衡相等，而且由一段子序列难以复现全序列，其应具有近似白噪声的特性，根据香农定理，有白噪声统计特性的信号对充分利用信道的容量、抗各种干扰和测定距离等具有明显的优点，因此，扩频伪码具有良好的抗干扰性和抗衰落能力。进一步，考虑扩频伪码的保密性，也在周期性上要求长周期及非周期性，且尽可能大的序列复杂度或扩频伪码产生机理。除考虑单码特性外，在码域上还需要考虑多码应用特性，如码分多址（code division multiple access，CDMA）系统，其为每个用户分配了各自特定的地址码，利用公共信道来传输信息。正是由于码域上的多码间每一个单码相互具有正交性，进而可以区别地址或用户等特有身份，而在频率、时间和空间上都可以重叠。

鉴于 DSSS 信号在时域呈现良好相关特性、在频域呈现带宽扩展特性，从而具有较强的抗干扰能力，进一步考虑码域呈现的多码准正交特性，可以利用多组扩频伪码交替变换，进行加密信息传输或用户身份认证等，进而提高系统性能。

3.2　多域融合可行性研究

鉴于 FHSS、OFDM、DSSS 等通信体制在多域[67-76]上体现的技术优势，考虑信号真实性、完好性、保密性等方面存在的局限与不足，在利用电磁信号多域特征基础上，进行多域融合的可行性研究。多域融合可行性研究的根本目标是论证可否采用信号的多域特征来承载多维信息，进而实现可兼容通信体制的集成与融合，立足该目标，以多域特性分析为基础，以提高信号传输的可靠性为出发点开展研究。

3.2.1　FHSS 体制的多域融合可行性

考虑跳频通信信号通过控制信号的频率随时间变化，信号的频域特征随时域变化，可有效躲避非合作方的侦收，因而具备较强的抗干扰能力和较低的截获概率。借鉴跳频通信信号的频域躲避特点，为提升通信系统的通信、保密及抗干扰能力，利用信号的时域、频域、码域等多域特征，进行多域融合研究。基于 FHSS 的多域融合示意图如图 3.6 所示。

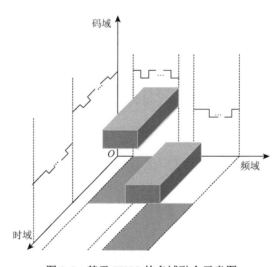

图 3.6　基于 FHSS 的多域融合示意图

从信号的时域、频域角度出发，频率跳变系统可与时间跳变系统结合，在信号频域特征随时域变化的同时，控制信号时域特征。相对于常规跳频通信系统每跳信号驻留时间固定的特点，跳频-跳时（frequency hopping-time hopping，FH-TH）信号的一个信息码元在时域上被划分成若干个时隙，由跳时控制器产生的伪随机码控制，以突发方式随机占用其中一个时隙进行传输。利用跳时控制器产生伪随机码控制信号传输时隙，增加了信号传输的随机性和突发性，降低了被截获概率；利用跳频技术使信号频点不断跳变，增加了通信带宽，提高了扩频增益，增加了抗定频干扰能力。将跳频技术与跳时技术进行复合，实现信号时域和频域特性融合，能提高系统的抗远近效应和多址能力，增强通信过程的抗截获能力。

进一步，频率跳变系统还可以与正交频分复用体制结合，通过控制信号频域分布特征，在利用多路正交子载波携带信息基础上，采用跳频技术控制 OFDM 各子载波频率跳变，提高系统抗干扰能力。主要有子载波跳频 OFDM 和射频跳频 OFDM 复合方式，将跳频技术与 OFDM 技术进行复合，实现信号时域和频域特征融合，能提高系统的传输数据率，增强通信过程的抗干扰能力。

从信号的时域、频域、码域角度出发，可将 FHSS 与 DSSS 相结合。通过控制信号时域和频域特征实现频率跳变，通过控制码域特征实现频谱扩展。将伪随机序列和基带数据异或后调制到每跳信号载波上，利用 DSSS 伪随机序列良好的相关性和 DSSS 信号负信噪比传输特性，结合 FHSS 信号频率随时间变化特点，显著降低了信号被截获概率。将跳频和直接序列扩频技术相结合，实现信号时域、频域、码域特性融合，能有效克服直接序列扩频技术同步要求高、远近效应影响大和跳频技术抗多径能力弱的缺点，使系统更加完善，兼具抗多径、抗衰落、抗定频干扰、抗远近效应和同步性好的优点。

以确保系统信息传输隐蔽性和提高传输数据率为目标，从信号的时域、频域角度进一步考虑，若能保证信号的时域、频域特征不变，深入挖掘信号时域、频域特征的统计特性用以传输数据，则能满足目标需求。但现有时域、频域，时域、频域、码域角度相融合的各类复合通信系统，从提高系统的信息传输隐蔽性和传输数据率角度综合考虑，仍存在一定的局限性。例如，FHSS-DSSS

系统在利用伪随机序列实现频谱扩展的同时，时域上基带码速率增加，频域上信号带宽增加，信号时域和频域特性发生了变化，对系统带宽提出了更高的要求；为确保直扩体制扩频增益，基带数据率通常较低，故而对系统的传输数据率造成了约束。FH-OFDM 系统同时利用多子载波传输，在提升传输数据率的同时，信号的时域和频域特性也发生了变化，要求更宽的跳频带宽，不适于频带资源受限的通信应用。FH-TH 系统由于划分了时隙，信号的时域和频域特性未发生改变，但降低了信道利用率，抗干扰性较低。

通过前面对 FHSS、DFH 通信体制的分析，DFH 信号从控制信号时域、频域角度出发，利用相邻跳载波频率跳变传输数据，其实质为利用信号时域、频域变化规律传输数据；FHSS 信号从控制信号时域、频域角度出发，利用伪随机序列控制频率跳变，将传输数据调制在载波上进行传输。若能将 DFH 和 FHSS 技术相融合，从控制信号时域、频域特性和时频域变化规律角度出发，在 DFH 信号的每跳载波上调制数据，可实现融合后信号时域和频域特性一致，不易发现不同传输机理携带的信息，具有较高的隐蔽性和抗干扰性，同时实现二维数据的复合传输，提升系统的传输数据率。

3.2.2　OFDM 体制的多域融合可行性

OFDM 系统的调制解调技术使得系统本身产生了干扰缺陷，采用 IFFT 来实现调制时，子载波采用矩形脉冲成型带来的不利因素有：当频率间隔增加时，子载波系统频谱副瓣衰减缓慢，会产生带外干扰；如果频率同步误差不能被忽略，则每个子载波都会在其他子载波上引起干扰。任何一个小的载波频偏都会破坏子载波之间的正交性，引起 ICI，同样，相位噪声也会导致码元星座点的旋转、扩散，形成 ICI。另外，子载波信号由不同的调制符号独立调制，传送数据的随机性导致 OFDM 信号的幅值也是一个随机过程，由中心极限定理可知其服从高斯分布，这使得同传统的恒包络调制方法相比，OFDM 调制存在一个很高的峰值因子。由于 OFDM 信号是很多小信号的总和，又存在很大的瞬时峰值幅度，OFDM 系统的峰均比过大，这将会增加模数（analog to digital，AD）转换器和数模（digital to analog，DA）转换器的复杂性，降低射频功率放大器的效率。同时在发射端，放大器的最大输出功率限制了信号的峰值，在 OFDM 频段内和相邻频段之间产生干扰。因此，OFDM 系统对相位噪声和载波频偏的敏感，以及峰均比过大等调制技术带来的系统本身的干扰问题，使得通信系统的误码率升高，当人为干扰加入以后，系统的误码率将会进一步增加。

鉴于此，为了提升 OFDM 系统的抗干扰能力，结合 OFDM 的时频域特性分析结果，围绕时域、频域、码域之间信号的关联性，将信号的时域、频域、码域等多域特征进行融合。基于 OFDM 的多域融合示意图如图 3.7 所示。

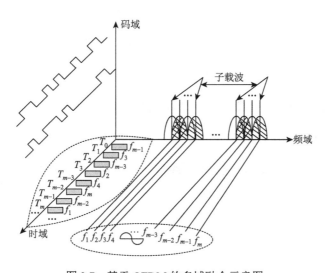

图 3.7　基于 OFDM 的多域融合示意图

从信号的时域、频域角度考虑，可以将 OFDM 与 FHSS 进行结合，其跳频技术的引入对 OFDM 起到了频域交织的作用，使错误码元平均分配在一帧数据内，有利于纠错码进行纠错，进而提高 OFDM 系统的抗干扰能力。跳频抗干扰的基本思想是把一个很宽的频带分成许多频率间隔，在每一跳期间由伪随机序列控制发射机从跳频频率集中随机地选择一个载频发送信息。由于伪随机序列具有良好的自相关和互相关特性，接收机本地信号振荡频率与输入信号按同一规律同步地跳变，把跳频信号解跳出来。跳频正交频分复用（frequency hopping-orthogonal frequency division multiplexing，FH-OFDM）有两种实现方式，一种是用伪随机序列控制每个 OFDM 符号中子载波的跳变，另一种是在射频级用伪随机序列控制 OFDM 符号的跳变。相对于 OFDM 通信系统子载波频率固定的特点，FH-OFDM 信号的子载波频率不断变化，因而更难以捕捉，抗定频干扰能力更强，可有效降低信道干扰率。

进一步，从信号的时域、频域角度考虑，可以将 OFDM 与 DFH 进行结合，其实际上是对 FH-OFDM 的一种延展，因为 DFH 本质上是一种相关跳频，即数据流与相邻或多跳频率之间具有某种相关性，并且利用其相关性携带了待发送的数据信息，所以在差分跳频正交频分复用（differential frequency hopping-orthogonal frequency division multiplexing，DFH-OFDM）中 G 函数控制的子载波频率之间的相关性相当于完成了 FH-OFDM 中子载波的跳变。进一步，DFH 中 G 函数不仅可以完成对数据信息的调制与解调，而且具备跳频和解跳功能，极大地简化了多域融合的复杂性。

3.2.3　DSSS 体制的多域融合可行性

在抗干扰通信中，DSSS 以其抗干扰能力强、功率谱密度低、隐蔽性强和截获概率低等优点获得日益广泛的应用。但在信息速率一定的条件下，传统 DSSS 系统为了获得足够大的处理增益，或是为了提高扩频系统的干扰容限，也要提高扩频系统的处理增益，即需要增加扩频因子，从而系统带宽也会随之增大，因为扩频通信抗干扰能力的获得是以扩展信号带宽为代价的。然而在带宽受限的环境中，由于不能提供较宽的频带，其应用受到了各种限制；而且在拥挤频段中进行扩频通信，由于接收机前端电路的带宽过大，可能有许多信号同时进入接收机，这不仅会使接收机的误码增多，而且会使接收机的前端电路出现阻塞现象的概率增加。

为了解决传统 DSSS 信道带宽和处理增益之间的矛盾，得到更好的系统性能，如获得更高的处理增益、更高的频带利用率等，进而提升通信系统的通信、保密及抗干扰能力，可以考虑利用 DSSS 信号的多域特性，通过对信号的时域、频域、码域等多域的融合处理，来达到改善系统通信性能的目的。基于 DSSS 的多域融合示意图如图 3.8 所示。

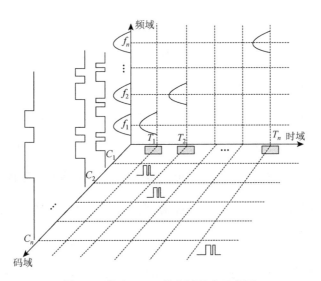

图 3.8　基于 DSSS 的多域融合示意图

从信号的时域、频域角度出发，可将 DSSS 与 FHSS 相结合，具体可见 3.2.1 节阐述。其利用 DSSS 信号中扩频伪码的良好相关性，以及带宽确定性，通过扩频伪码的速率选择来灵活配置传输带宽，而在带宽受限的条件下，或 DSSS

的扩频带宽为确定值条件下，为进一步提高传输的可靠性，可通过频域上的频率变化来加以应对和解决。

进一步从信号的时域、频域角度考虑，可将 DSSS 与时间跳变体制结合，即扩频信号为非连续传输，相对于常规直扩通信系统连续时间的特点，一个信息码元被划分成若干个时隙，由跳时控制器产生的伪随机码控制，以突发方式随机占用其中一个时隙进行传输，通过对信号时域的合理分配，来躲避非合作方的侦收和干扰。此融合方式利用直扩调制信息，并利用跳时改变传输时间，其实质是在时域中压缩信号的传输时间，相当于在频域中扩展其频谱宽度，是将信号时域和频域特性相融合，增加了信号传输的随机性和突发性，降低了被截获概率。此种融合能够利用直扩技术提高扩频增益，利用跳时技术提高信号传输的隐蔽性，而且能显著提高系统的抗远近效应和多址能力，增强通信过程的抗截获和抗干扰能力。经复合后信号的载波频率更难以捕捉，因而通信的隐蔽性更好，更加适用于多址通信。

此外，从信号的时域、频域、码域角度出发，为得到有效的抗多径和利用多径的能力，扩频系统的子码宽度必须足够小，信息比特的宽度必须足够长，这显然是对信息传输速率的一种约束，即信息传输速率不能太高。为了解决扩频系统占用频带过宽、外部干扰增多和信息速率传输速率受限的矛盾，可以在 DSSS 的时域、频域特性基础上，进一步结合码域特性，通过正交扩频序列的选择以及扩频伪码的结构控制，来匹配多组正交扩频序列。每个扩频码的周期、速率等相同，即在频率、时间和空间上都具有相同的特性，然而，可以通过码域的特性来映射信息，通过多码的匹配可以控制传输信息的位数，也可控制用户信息。结合时域、频域、码域特性的技术已经在 CDMA 系统中成功应用，可见结合码域特性的通信技术是可行的，因此，进一步利用多码正交特性、多码交替等映射信息等技术也是可行的。通过码域的结合可以提高总体传输效率，特别适合对于带宽有严格限制或传输速率要求较高的应用场景。

3.3　多域融合通信模型

针对通信链路抗截获、抗欺骗、抗干扰的需求，结合通信对抗技术的发展，为应对信号真实性、完好性、保密性等方面存在的局限与不足，借鉴抗干扰扩频通信体制的技术优势，本节对信号时频码域等多域统计特性进行了深入挖掘，立足电磁波幅频相、信息码相关性和通信链路等多角度提高传输的抗干扰性，利用时频码域间互融及多融的可行性，确立了以 DSSS、DFH、OFDM 为基础的多域融合通信体制。面对复杂的电磁信号环境和作战需求，结合最新"电磁频谱战"（electromagnetic spectrum warfare，EMSW）理念，在拒止、干扰、欺骗和入侵等高危情况下，要求通信系统具有更高的可靠性、保密性和抗干扰性，为实现信息传输隐蔽和信息传输速率的提升，以 DFH、DSSS 及 OFDM 通信系统作为一维信息传输载体，构建二维信息与幅频相等信号参数和时频码域等多域特征间的关联映射，从而建立了基于多域融合的复合维度信息传输通信模型，如图 3.9 所示。

待传输的一维数据通过 DSSS、DFH、OFDM 等候选体制的选取，并通过分时控制、符号转换、G 函数映射、频率分选、星座映射、IFFT 处理等关键机制进行基础数据处理，在此基础上，从复合维度角度出发，在一维数据传输机理及发射功率不变的前提下，通过码集构造、多码分选、频差控制、MFSK 调制、频率分选、G 函数映射等机制的建立，从而引入附加的二维数据，并建立数据的关联映射，进一步与处理后的一维数据进行相应的基带处理并发射。接收方则通过相应的多通道相关、多峰判决、频差检测、MFSK 解调、G^{-1} 处理、

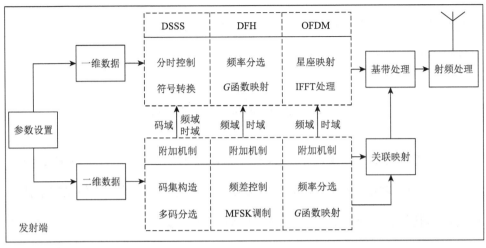

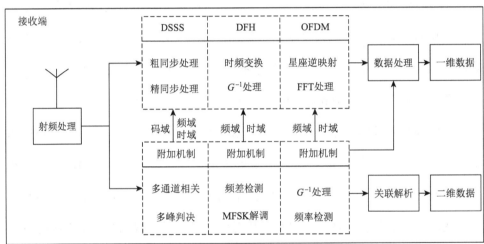

图 3.9 基于多域融合的复合维度信息传输通信模型框图

频率检测等机制建立关联解析，从而实现对二维数据的接收，进一步利用解析结果，通过粗同步处理、精同步处理、时频变换、G^{-1} 处理、星座逆映射、FFT处理等机制来实现对一维数据的接收。

在多域融合通信模型建立的基础上，结合通信系统的通信链路特性，为达到较强隐蔽性的目的，本节从传输信号的隐身设计出发，提出了基于 FH-DFH、DFH-OFDM、MS-DSSS 的复合维度信息传输方法。

第4章　基于 FH-DFH 的复合维度信息传输方法

4.1　理　论　依　据

跳频技术具有较强的抗截获和抗干扰能力，为进一步提高传输过程的抗干扰性和传输数据率，本章提出了 FH-DFH 复合维度信息传输方法。FH-DFH 复合维度信息传输方法的核心机理是以 DFH 通信体制为基础，从控制信号频域变换和时域特征出发，通过 MFSK 等调整方式实现对 DFH 中 G 函数映射的频点、频差控制，实现二维数据的复合传输。将 DFH 技术与 FH 技术相复合，其实质可视为利用信号的时域和频域变化的统计特性实现信息传输。

基于 FH-DFH 的复合维度通信信号的时域和频域特性与常规跳频信号相同，同样具有信号载波频率随时间变化的特点。由于采用 MFSK 调制方式，根据设定的跳频速率和传输数据率参数，单跳基于 FH-DFH 的复合维度通信信号仅包含一个频率，频域上同样只有一个频率分量存在。对非合作方而言，基于 FH-DFH 的复合维度通信信号与对应参数的跳频信号的时频特性完全一致，无法仅从信号的时域、频域和功率谱分布角度进行区分，不易发现由相邻跳频率变化规律携带的信息，具有较强的隐蔽性。

此外，在相同发射功率条件下，除利用载波频率变化携带一维数据外，还利用每跳信号载波调制另一维数据，即除利用第一维数据根据 G 函数建立相邻跳信号载波频率间关联外，还根据预定的关联映射条件利用第二维数据构建每跳信号的频率偏移，从而实现复合维度信息传输，增加传输数据率。基于 FH-DFH 的复合维度通信信号的载波频率变化是按照 G 函数规则，利用待传输的信息产生跳频图案，信号载波频率变化具有较强的随机性，增加了通信过程的抗干扰性、降低了被截获概率。

4.2　传 输 机 理

4.2.1　产生机理

设待传输的二维数据分别为 $D_1(n)$ 和 $D_2(n)$。根据调制阶数和 G 函数运算规则对待传输信息数据进行变换，$D_1(n) \rightarrow S_1(m)$，$D_2(n) \rightarrow S_2(m)$。其中，$S_1(m)$ 和 $S_2(m)$ 分别是 $D_1(n)$ 和 $D_2(n)$ 对应的符号，符号长度分别取决于调制阶数和 G 函数的扇出系数。

二维数据调制映射关联如图 4.1 所示。由 $S_1(m)$ 根据 G 函数规则，得到第 m 跳的信号载波频率为

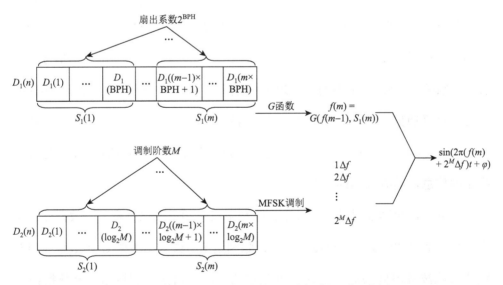

图 4.1　基于 FH-DFH 的二维数据调制映射关联示意图

$$f(m) = G(f(m-1), S_1(m)) \tag{4.1}$$

从而得到每跳信号的载波为

$$S_c(t) = A\sin(2\pi f(m)t + \varphi) \qquad (4.2)$$

设 G 函数的扇出系数为 2^{BPH}，BPH（bit per hop）为相邻跳信号传输的比特数。调制阶数为 M，将第二维数据对应符号 $S_2(m)$ 调制到跳频载波上，得到第 m 跳发射信号的表达式为

$$S(t) = A\sin(2\pi(f(m) + a(m)\Delta f)t + \varphi) \qquad (4.3)$$

式中，A 为载波振幅；$a(m)$ 为由 $S_2(m)$ 关联映射的频偏系数。

以调制阶数 $M=2$ 为例，产生的基于 FH-DFH 的复合维度通信信号时频域分布如图 4.2 所示，其中 $a(m) = (-1)^{S_2(m)}$。从图 4.2 中可见，第 m 跳信号的载波频率 $f(m)$ 由待传输符号 $S_1(m)$ 和上一跳信号载波频率 $f(m-1)$ 根据 G 函数规则计算得到。以该跳载波频率为基础，根据选取的调制阶数由第二维符号

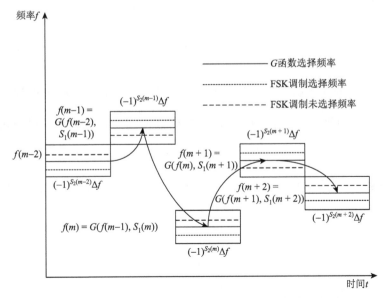

图 4.2　基于 FH-DFH 的复合维度通信信号时频域分布图

$S_2(m)$ 计算频率偏移，得到第 m 跳信号的发射频率，产生基于 FH-DFH 的复合维度通信信号。

4.2.2　接收机理

假设经信道传输后，在接收方对时长为 T 的接收信号以采样频率 f_{sample} 进行采样，采样间隔为 $\Delta t = 1 / f_{sample}$，得到采样结果为

$$y(p) = \sum_{p=1}^{\lfloor T/\Delta t \rfloor} S(p\Delta t)\delta(t - p\Delta t) \tag{4.4}$$

对采样结果进行加窗傅里叶变换

$$X(p) = \mathrm{FFT}(y(p)) = \sum_{p=1}^{\lfloor T/\Delta t \rfloor} y(p)\mathrm{e}^{-\mathrm{j}\omega p} \tag{4.5}$$

可得到第 $m-1$，m 和 $m+1$ 跳接收信号的载波频率为

$$\cdots, f(m-1)+a(m-1)\Delta f, f(m)+a(m)\Delta f, f(m+1)+a(m+1)\Delta f, \cdots \tag{4.6}$$

基于 FFT 的连续时间信号频率检测结果如图 4.3 所示，检测得到第 m 跳信号的发射频率由第一维数据 $D_1(n)$ 根据 G 函数得到的载波频率，以及第二维数据 $D_2(n)$ 根据调制方式和调制阶数得到的频率偏移相加而成。

根据系统设定的频率参数，可由检测得到的每跳信号发射频率，提取每跳信号的载波频率为

$$\cdots, f(m-1), f(m), f(m+1), \cdots \tag{4.7}$$

根据 G^{-1} 函数规则，解调出传输的数据 $S_1(m)$ 为

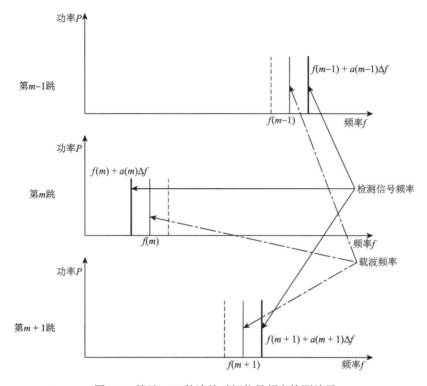

图 4.3　基于 FFT 的连续时间信号频率检测结果

$$S_1(m) = G^{-1}(f(m-1), f(m)) \tag{4.8}$$

进一步，利用 $S_1(m)$ 得到传输的一维数据 $D_1(n)$。

根据提取出的每跳信号载波频率，利用检测得到的每跳信号发射频率，计算出每跳信号的频率偏移为

$$\cdots, a(m-1)\Delta f, a(m)\Delta f, a(m+1)\Delta f, \cdots \tag{4.9}$$

根据每跳信号的频率偏移 $a(m)\Delta f$，即可解调出传输的 $S_2(m)$，从而得到传输的二维数据 $D_2(n)$。

4.3　方法实现

基于 FH-DFH 的复合维度信息传输原理如图 4.4 所示。首先，根据传输参

数配置串并转换参数和 G 函数扇出系数；再利用传输的一维数据 $D_1(n)$ 结合差分跳频 G 函数规则得到跳频图案，控制本地振荡器产生每跳信号载波频率；最后，将二维数据 $D_2(n)$ 以 MFSK 调制方式调制到跳频载波上，经射频处理后发射。在接收方，天线接收的信号先经射频处理，然后利用 FFT 进行时频分析，检测连续时间每跳信号的载波频率变化；结合传输参数配置对检测出的载波频率进行 G^{-1} 函数变换和并串转换，得到传输的一维数据 $D_1(n)$；最后，通过对检测出的频率偏移进行 FSK 解调，得到传输的二维数据 $D_2(n)$。

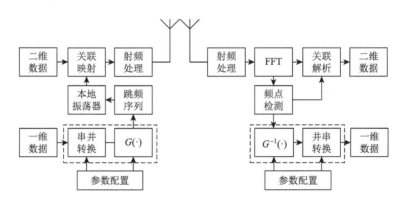

图 4.4　基于 FH-DFH 的复合维度信息传输原理框图

基于 FH-DFH 的复合维度信号产生处理流程如图 4.5 所示，具体处理步骤如下。

步骤一：进行参数初始化，设置 G 函数扇出系数、MFSK 调制阶数等参数。

步骤二：分别输入一维数据 $D_1(n)$ 和二维数据 $D_2(n)$。

步骤三：根据设置参数，分别对一维数据 $D_1(n)$ 和二维数据 $D_2(n)$ 进行串并转换及星座映射等预处理。

步骤四：根据 G 函数进行频率分选，利用待传输一维数据 $D_1(n)$ 和前一跳信号载波频率计算当前跳信号的载波频率。

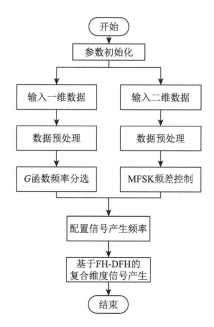

图 4.5　基于 FH-DFH 的复合维度信号产生处理流程图

步骤五：根据 MFSK 的调制阶数，利用待传输二维数据 $D_2(n)$ 进行频差控制。

步骤六：根据信号载波频率和频率偏移，计算当前跳信号的发射频率。

步骤七：产生基于 FH-DFH 的复合维度信号。

基于 FH-DFH 的复合维度信号接收处理流程如图 4.6 所示，具体处理步骤如下。

步骤一：进行接收参数初始化，配置 G^{-1} 函数扇出系数、MFSK 调制阶数等参数。

步骤二：输入接收的基于 FH-DFH 的复合维度信号。

步骤三：对接收信号进行 FFT。

步骤四：根据 FFT 结果，检测当前时刻信号发射频率。

步骤五：根据设定的跳频图案和当前时刻信号发射频率，识别当前时刻信号载波频率。

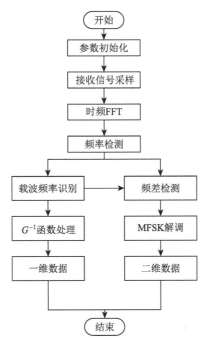

图 4.6 基于 FH-DFH 的复合维度信号接收处理流程图

步骤六：根据识别的信号载波频率和发射频率，计算当前跳信号频差。

步骤七：根据连续跳信号的载波频率，进行 G^{-1} 函数处理，得到一维数据 $D_1(n)$。

步骤八：根据每跳信号的频率偏移，进行 MFSK 解调，得到二维数据 $D_2(n)$。

4.4 性 能 分 析

基于 FH-DFH 的复合维度信息传输方法将差分跳频技术与跳频技术相融合，在接收方对信号进行接收时，需先检测基于差分跳频体制传输的信息，再解调采用 MFSK 调制方式传输的信息。即先利用 FFT 方法检测当前跳信号发射频率，识别相邻跳信号载波频率间变化，利用 G^{-1} 函数对一维数据 $D_1(n)$ 进行解调；进一步，识别每跳信号的频率偏移，对采用 MFSK 调制方式的二

维数据 $D_2(n)$ 进行解调。由于采用的信息传输机理不同，二维数据的误码率特性也不同。

一维数据采用 DFH 体制传输，设跳频频率集中的频点数为 N'，扇出系数为 2^{BPH}，每跳驻留时间为 T_0。在加性高斯白噪声（additive white Gaussian noise，AWGN）条件下，发送第 n 个频率对应符号的基带等效表示为

$$s_n(t) = \sqrt{2E_s / T_0}\, e^{j\omega_n t}, \quad n = 0, 1, 2, \cdots, N'-1 \tag{4.10}$$

式中，E_s 为符号能量。则接收信号的基带等效表示为

$$r_n(t) = e^{j\theta} s_n(t) + n(t) \tag{4.11}$$

式中，θ 为随机相位，在 $[-\pi, \pi]$ 上均匀分布；$n(t)$ 为加性白噪声，其单边功率谱密度为 n_0。

N' 个频点的非相干检测结果为

$$r_m = \left| \int_0^{T_0} r_n(t) s_m^*(t) dt \right|^2, \quad m = 0, 1, 2, \cdots, N'-1 \tag{4.12}$$

设接收过程采用逐符号检测方法，在设定的信号参数条件下，当接收到某跳信号时，N' 个频点检测结果中仅有一个是信号加噪声，其他各路均只有噪声。

假设不同频点中的噪声是相互独立的窄带高斯噪声，其包络服从瑞利分布，故 $N'-1$ 路噪声的包络都不超过门限电平 h 的概率为

$$(1 - P(h))^{M-1} \tag{4.13}$$

式中，$P(h)$ 是一路滤波器的输出噪声包络超过门限 h 的概率，服从瑞利分布：

$$P(h) = \int_h^\infty \frac{N}{\sigma_n^2} e^{-N^2/(2\sigma_n^2)} dN = e^{-h^2/(2\sigma_n^2)} \tag{4.14}$$

式中，N 为滤波器输出噪声的包络；σ_n^2 为滤波器输出噪声的功率。

假设 $N'-1$ 路噪声都不超过门限电平 h 就不会发生错误判决，当有任意一路或一路以上噪声输出的包络超过此门限电平就将发生错误判决，此错判的概率将等于

$$P_e^0(h) = 1 - (1 - P(h))^{N'-1} = 1 - \left(1 - e^{-\frac{h^2}{2\sigma_n^2}}\right)^{N'-1} = \sum_{n=1}^{N'-1} (-1)^{n-1} \binom{N'-1}{n} e^{\frac{-nh^2}{2\sigma_n^2}} \tag{4.15}$$

式（4.15）结果与门限电平 h 的设定有关。下面来讨论 h 值如何决定。

有信号输出支路带通滤波器的输出电压是信号和噪声之和，其包络服从广义瑞利分布：

$$p(x) = \frac{x}{\sigma_n^2} I_0 \left(\frac{A_0 x}{\sigma_n^2} \right) \exp\left(-\frac{1}{2\sigma_n^2}(x^2 + A^2) \right), \quad x \geqslant 0 \tag{4.16}$$

式中，$I_0(\cdot)$ 表示第一类零阶修正贝塞尔函数；x 为输出信号和噪声之和的包络；A_0 为输出信号符号振幅。

其他路中任何路的输出电压值超过有信号这路的输出电压值 x 就将发生错判。因此，有信号码元输出支路的输出信号与噪声之和 x 即为门限值。则发生错误判决的概率为

$$P_e^0 = \int_0^\infty p(h) P_e^0(h) dh \tag{4.17}$$

将式（4.15）和式（4.16）代入式（4.17），可得 DFH 体制信号的符号错误概率表达式为

$$P_e^0 = \sum_{n=1}^{N'-1} \frac{(-1)^{n-1}}{n+1} C_{N'-1}^n \exp\left(\frac{-nA_0^2}{2(n+1)\sigma_n^2}\right) \tag{4.18}$$

在归一化符号周期和带宽条件下，式（4.18）可改写为

$$P_e^0 = \sum_{n=1}^{N'-1} \frac{(-1)^{n-1}}{n+1} C_{N'-1}^n \exp(-\gamma n / (n+1)) \tag{4.19}$$

式中，$\gamma = E_0 / n_0$。则基于 DFH 体制传输的比特错误概率为

$$P_e^1 \approx \frac{2(2^{\text{BPH}}-1)}{2^{\text{BPH}}} P_e^0 = \frac{2(2^{\text{BPH}}-1)}{2^{\text{BPH}}} \sum_{n=1}^{N'-1} \frac{(-1)^{n-1}}{n+1} C_{N'-1}^n \exp(-\gamma n / (n+1)) \tag{4.20}$$

二维数据 $D_2(n)$ 是在一维数据 $D_1(n)$ 传输的信号载波上进行 MFSK 调制，因而进行解调处理时，需先正确识别信号载波频率，在此基础上进行 MFSK 解调。在设定的参数条件下，每跳基于 FH-DFH 的复合维度信号仅包含一个频点，在同样采用非相干解调情况下，其误码率分析过程与 DFH 体制误码率分析过程一致，因而其符号误码率表达式为

$$P_e^s = \sum_{n=1}^{M-1} \frac{(-1)^{n-1}}{n+1} C_{M-1}^n \exp(-\gamma n / (n+1)) \tag{4.21}$$

式中，M 为调制阶数。

由于调制阶数为 M 的一个符号中含有 k bit，即 $M = 2^k$。可得比特误码率和符号误码率间满足

$$P_e^2 = \frac{2^{k-1}}{2^k-1} P_e^s = \frac{P_e^s}{2(1-(1/2)^k)} = \frac{1}{2(1-(1/2)^k)} \sum_{n=1}^{M-1} \frac{(-1)^{n-1}}{n+1} C_{M-1}^n \exp(-\gamma n / (n+1)) \tag{4.22}$$

综上，P_e^1 为基于 DFH 体制传输的一维数据误码率表达式，P_e^2 为采用 MFSK

调制传输的二维数据误码率表达式。由于在正确检测差分跳频信号频率基础上，才能进行二维信息数据解调，实现二维数据的正确接收解调的概率，是在一维数据正确接收解调前提下的条件概率。

因此，基于 FH-DFH 的复合维度信息传输方法的总比特误码率表达式为

$$P_e = P_e^1 + (1 - P_e^0)P_e^2 \qquad (4.23)$$

考虑到基于 FH-DFH 的复合维度信息传输方法是在 DFH 信号载波上利用 MFSK 调制携带二维数据，因此总可用频点数目为 $N' \times M$，每 M 个频点可划分为一组，使用同一组内任意频点都可视为 DFH 体制使用的一个频点结果。在无信号支路非相干检测结果超过门限，且该无信号支路与有信号支路不在同一个分组中时，才可视为信号频点检测错误。在设定参数条件下，本章提出的基于 FH-DFH 的复合维度信息传输方法的一维和二维数据的总比特误码率可改写为

$$
\begin{aligned}
P_e &= \frac{(N' \times M - 1) - (M - 1)}{N' \times M - 1} P_e^1 + \left(1 - \frac{(N' \times M - 1) - (M - 1)}{N' \times M - 1} P_e^0\right) P_e^2 \\
&= \frac{(N' - 1) \times M}{N' \times M - 1} \frac{(2^{\mathrm{BPH}} - 1)}{2^{\mathrm{BPH} - 1}} \sum_{n=1}^{N' \times M - 1} \frac{(-1)^{n-1}}{n+1} C_{N' \times M - 1}^n \exp(-\gamma n / (n+1)) \\
&\quad + \left(1 - \frac{(N' - 1) \times M}{N' \times M - 1} \sum_{n=1}^{N' \times M - 1} \frac{(-1)^{n-1}}{n+1} C_{N' \times M - 1}^n \exp(-\gamma n / (n+1)) \right) \\
&\quad \times \frac{1}{2(1 - (1/2)^k)} \sum_{n=1}^{M-1} \frac{(-1)^{n-1}}{n+1} C_{M-1}^n \exp(-\gamma n / (n+1))
\end{aligned}
\qquad (4.24)
$$

可见，基于 FH-DFH 的复合维度信号的比特误码率与 M、N' 和 γ 有关，随 M 和 N' 及 γ 的增大而降低。

4.5　仿　真　分　析

基于 FH-DFH 的复合维度信息传输方法仿真与验证是在 MATLAB 环境下

进行的。仿真参数设置为：跳变频率 5000Hz，调制方式 2FSK/4FSK/8FSK，采样频率 100MHz，扇出系数 4，频点数目 32/64/128，跳频带宽 8.59MHz/14.84MHz/16.90MHz，一维数据率 10kbit/s，二维数据率 5kbit/s、10kbit/s、15kbit/s。

4.5.1　功能测试

基于 FH-DFH 的复合维度信息传输仿真验证的发射方和接收方界面如图 4.7和图 4.8 所示。

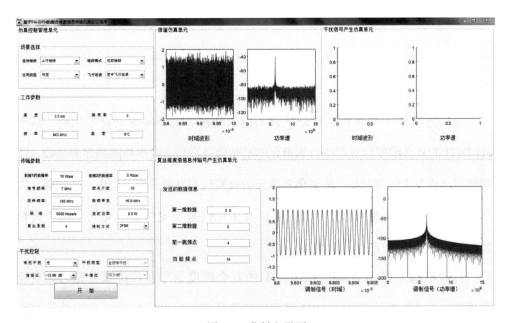

图 4.7　发射方界面

测试结果表明：基于 FH-DFH 的复合维度信息传输仿真验证程序包含仿真控制管理单元、基于 FH-DFH 的复合维度信息传输信号产生仿真单元、信道仿真单元、干扰信号产生仿真单元、基于 FH-DFH 的复合维度信息传输信号接收仿真单元和通信效能分析单元。

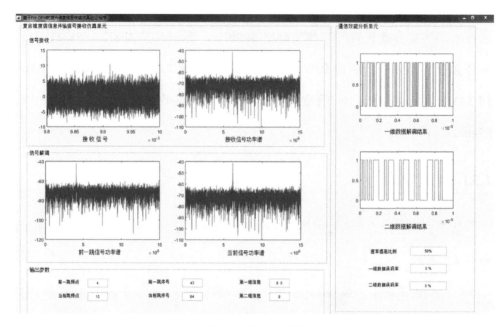

图4.8　接收方界面

发射方集成了仿真控制管理单元的场景选择、工作参数设置等功能，基于 FH-DFH 的复合维度信号产生仿真单元的基带信号产生、G 函数跳频序列生成、跳频频率合成及调制等功能，信道仿真单元的赖斯模型参数设置、自由空间损耗、大气损耗和降雨损耗参数设置等功能，以及干扰信号产生仿真单元的干扰相关参数配置和干扰信号产生等功能。

接收机部分集成了基于 FH-DFH 的复合维度信号接收仿真单元的频点检测处理、G^{-1} 函数处理和 MFSK 解调处理等功能，以及通信效能分析单元的数据率分析功能。

不同传输数据率条件下的基于 FH-DFH 的复合维度信号产生仿真单元测试结果如图4.9 所示。

(a) 一维数据率10kbit/s，二维数据率5kbit/s

(b)一维数据率10kbit/s，二维数据率10kbit/s

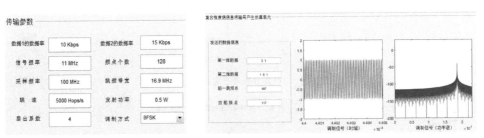

(c) 一维数据率10kbit/s，二维数据率15kbit/s

图 4.9　不同传输数据率参数条件下基于 FH-DFH 的复合维度信号产生测试结果

不同干扰信号类型条件下的干扰信号产生仿真单元测试结果如图 4.10 所示。

测试结果表明：基于 FH-DFH 的复合维度信息传输仿真验证程序可灵活设置传输数据率参数、干扰信号样式和干扰功率等参数。

根据测试结果可以得出以下结论：本章方法实现了具有信息隐蔽通信功能的基于 FH-DFH 的复合维度信息传输仿真验证程序，实现了基于 FH-DFH 的复合维度信息传输方法。

4.5.2　通信体制测试

为测试证明基于 FH-DFH 的复合维度信息传输方法支持 FH/DFH 扩频通信

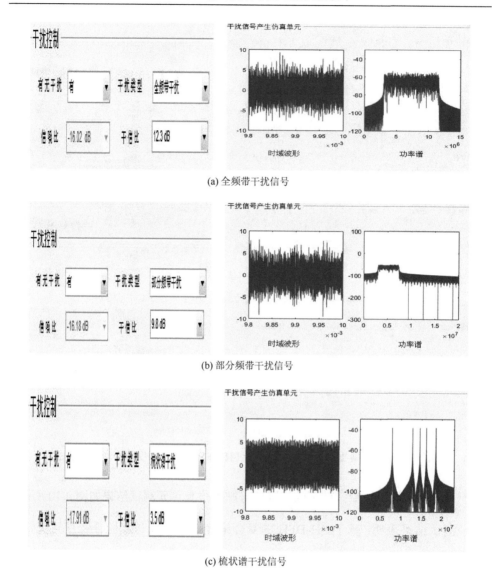

(a) 全频带干扰信号

(b) 部分频带干扰信号

(c) 梳状谱干扰信号

图4.10 不同干扰信号类型条件下干扰信号产生测试结果

体制,我们通过对比 FH/DFH 信号和基于 FH-DFH 的复合维度信号特性及接收处理过程进行测试验证。

1. 测试条件

FH 扩频通信参数设置:跳变频率 5000Hz、调制方式 2FSK、采样频率

100MHz、频点数目 32、跳频带宽 8.59MHz、数据率 5kbit/s。

DFH 扩频通信参数设置：跳变频率 5000Hz、扇出系数 2、传输数据率 5kbit/s。

基于 FH-DFH 的复合维度通信参数设置：跳变频率 5000Hz，调制方式 2FSK/8FSK，采样频率 100MHz，扇出系数 4，频点数目 32/128，跳频带宽 8.59MHz/16.90MHz，一维数据率 10kbit/s，二维数据率 5kbit/s、15kbit/s。

2. 信号特征测试

1）FH 信号特征对比

单跳 FH 信号和基于 FH-DFH 的复合维度信号的时域和功率谱特性如表 4.1 所示。

表 4.1　信号时域和功率谱对比结果（一）

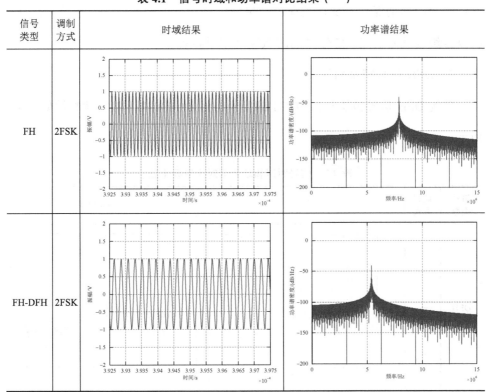

信号 类型	调制 方式	时域结果	功率谱结果
FH	2FSK		
FH-DFH	2FSK		

续表

信号类型	调制方式	时域结果	功率谱结果
FH-DFH	8FSK	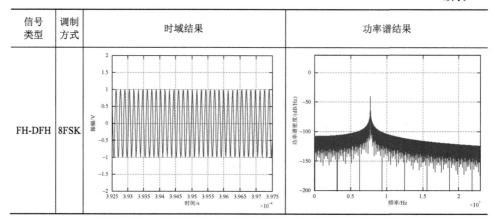	

测试结果表明：在设定的参数条件下，单跳 FH 信号频率为 7.91MHz，采用 2FSK 和 8FSK 调制的单跳复合维度信号频率分别为 5.37MHz 和 7.715MHz，时域结果中周期保持不变，功率谱结果中仅包含一个频率分量。基于 FH-DFH 的复合维度信号具备 FH 信号的时域和功率谱特征。

2）DFH 信号特征对比

单跳 DFH 信号和基于 FH-DFH 的复合维度信号的时域和功率谱特性如表 4.2 所示。

表 4.2　信号时域和功率谱对比结果（二）

信号类型	调制方式	时域结果	功率谱结果
DFH	—	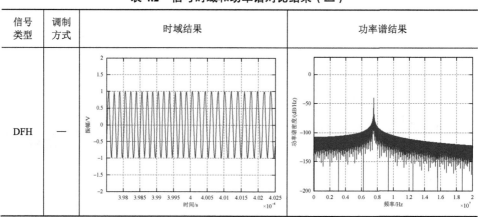	

续表

信号类型	调制方式	时域结果	功率谱结果
FH-DFH	2FSK	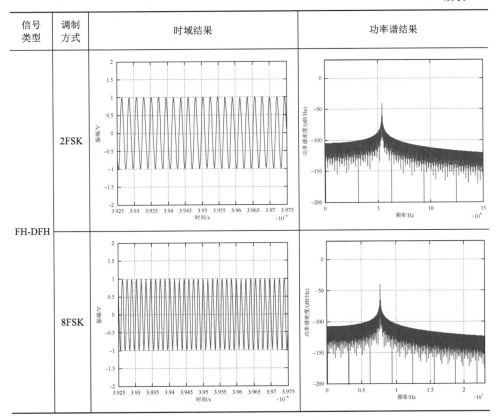	
	8FSK		

测试结果表明：在设定的参数条件下，单跳 DFH 信号频率为 7.52MHz，采用 2FSK 和 8FSK 调制的单跳复合维度信号频率分别为 5.37MHz 和 7.715MHz，时域结果中周期保持不变，功率谱结果中仅包含一个频率分量。基于 FH-DFH 的复合维度信号具备 DFH 信号的时域和功率谱特征。

3. 信号接收处理过程测试

1）FH 信号接收处理过程对比

相邻两跳 FH 信号和基于 FH-DFH 的复合维度信号的 FFT 处理结果如表 4.3 所示。

表 4.3　基于 FFT 的信号接收处理结果（一）

信号类型	调制方式	相邻两跳 FFT 处理结果
FH	2FSK	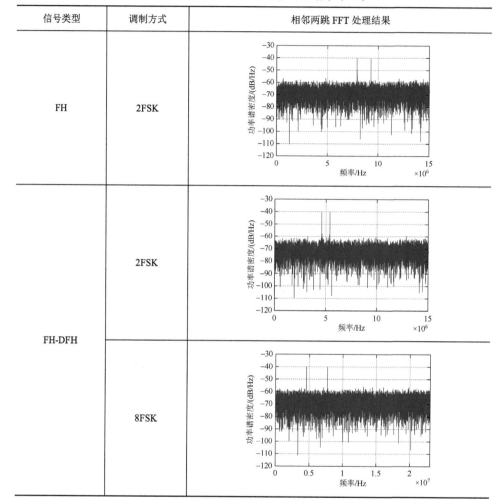
FH-DFH	2FSK	
	8FSK	

测试结果表明：在设定的参数条件下，FH 信号频率分别在 7.91MHz 和 9.28MHz，采用 2FSK 调制的基于 FH-DFH 的复合维度信号分别在 5.37MHz 和 4.59MHz、采用 8FSK 调制的基于 FH-DFH 的复合维度信号分别在 7.715MHz 和 4.59MHz 处出现两跳信号能量峰值。基于 FH-DFH 的复合维度信号连续两跳 FFT 处理结果与 FH 信号特征一致。

连续 10 跳信号的频率检测结果、频率偏移识别结果如表 4.4 所示。

表 4.4　连续 10 跳频点检测结果（一）

信号类型	调制方式	检测内容	结果数据
FH	2FSK	信号频率检测结果/MHz	7.91, 9.28, 10.55, 3.91, 5.37, 5.86, 7.03, 7.62, 8.89, 9.28
		频率偏移识别结果	$-\Delta f, +\Delta f, -\Delta f, +\Delta f, -\Delta f, +\Delta f, +\Delta f, +\Delta f, +\Delta f, +\Delta f$
FH-DFH	2FSK	信号频率检测结果/MHz	5.37, 4.59, 4.3, 11.62, 9.57, 9.08, 9.57, 8.3, 8.69, 7.62
		频率偏移识别结果	$-\Delta f, -\Delta f, +\Delta f, +\Delta f, -\Delta f, -\Delta f, -\Delta f, -\Delta f, -\Delta f, +\Delta f$
	8FSK	信号频率检测结果/MHz	7.715, 4.59, 7.422, 9.18, 11.816, 11.133, 9.766, 9.1800, 11.719, 13.574
		频率偏移识别结果	$-\Delta f, +\Delta f, -3\Delta f, +3\Delta f, -2\Delta f, +2\Delta f, -\Delta f, +3\Delta f, -3\Delta f, +4\Delta f$

　　测试结果表明：在设定参数条件下，基于 FH-DFH 的复合维度信号采用 FFT 实现了每跳信号频率检测和频率偏移识别，与 FH 信号采用 FFT 检测识别过程一致。

　　FH 信号和基于 FH-DFH 的复合维度信号数据解调结果如表 4.5 所示。

表 4.5　数据解调结果（一）

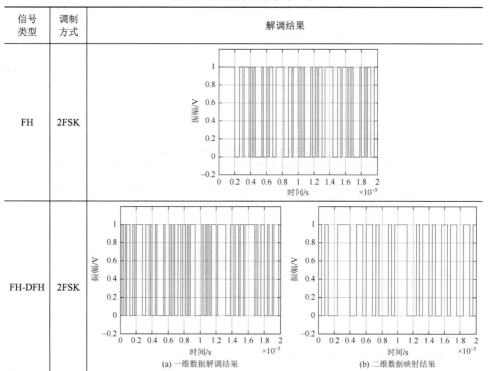

信号类型	调制方式	解调结果
FH	2FSK	
FH-DFH	2FSK	(a) 一维数据解调结果　　　(b) 二维数据映射结果

续表

信号类型	调制方式	解调结果
FH-DFH	8FSK	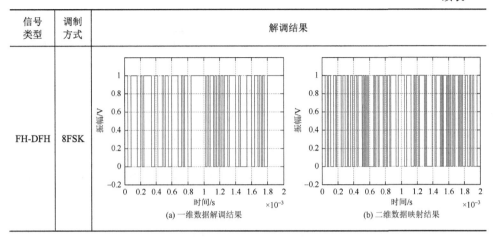

测试结果表明：在设定参数条件下，基于 FH-DFH 的复合维度信号根据 G^{-1} 函数可解调得到一维数据，根据每跳频率偏移实现了 MFSK 解调得到二维数据，与 FH 信号的 MFSK 解调过程相同。

2）DFH 信号接收处理过程对比

相邻两跳 DFH 信号和基于 FH-DFH 的复合维度信号的 FFT 处理结果如表 4.6 所示。

表 4.6 基于 FFT 的信号接收处理结果（二）

信号类型	调制方式	相邻两跳 FFT 处理结果
DFH	—	

续表

信号类型	调制方式	相邻两跳 FFT 处理结果
FH-DFH	2FSK	
	8FSK	

测试结果表明：在设定参数条件下，DFH 信号频率分别在 7.52MHz 和 10.352MHz、采用 2FSK 调制的基于 FH-DFH 的复合维度信号分别在 5.37MHz 和 4.59MHz、采用 8FSK 调制的基于 FH-DFH 的复合维度信号分别在 7.715MHz 和 4.59MHz 处出现两跳信号能量峰值。基于 FH-DFH 的复合维度信号相邻两跳 FFT 处理结果与 DFH 信号特征一致。

连续 10 跳信号的频率检测结果、跳频序列识别结果、频率偏移识别结果如表 4.7 所示。

表 4.7　连续 10 跳频点检测结果（二）

信号类型	调制方式	检测内容	结果数据
DFH	—	信号频率检测结果/MHz	7.52, 10.352, 11.23, 10.352, 11.035, 13.379, 16.211, 15.2340, 3.223, 6.348
		跳频序列识别结果	8, 11, 14, 1, 4, 4, 6, 7, 10, 11

续表

信号类型	调制方式	检测内容	结果数据
FH-DFH	2FSK	信号频率检测结果/MHz	5.37, 4.59, 4.3, 11.62, 9.57, 9.08, 9.57, 8.3, 8.69, 7.62
		跳频序列识别结果	4, 3, 2, 15, 12, 11, 12, 9, 10, 7
		频率偏移识别结果	$-\Delta f, -\Delta f, +\Delta f, +\Delta f, -\Delta f, -\Delta f, -\Delta f, -\Delta f, -\Delta f, +\Delta f$
	8FSK	信号频率检测结果/MHz	7.715, 4.59, 7.422, 9.18, 11.816, 11.133, 9.766, 9.1800, 11.719, 13.574
		跳频序列识别结果	4, 1, 4, 5, 8, 7, 6, 5, 8, 9
		频率偏移识别结果	$-\Delta f, +\Delta f, -3\Delta f, +3\Delta f, -2\Delta f, +2\Delta f, -\Delta f, +3\Delta f, -3\Delta f, +4\Delta f$

测试结果表明：在设定参数条件下，基于 FH-DFH 的复合维度信号采用 FFT 实现了每跳信号频率检测和频率偏移识别，与 DFH 信号采用 FFT 检测每跳信号频率过程一致。

DFH 信号和基于 FH-DFH 的复合维度信号数据解调结果如表 4.8 所示。

测试结果表明：在设定参数条件下，基于 FH-DFH 的复合维度信号根据 G^{-1} 函数可解调得到一维数据，与 DFH 信号 G^{-1} 函数解调处理过程一致，根据每跳频率偏移实现了 MFSK 解调得到二维数据。

表 4.8　数据解调结果（二）

信号类型	调制方式	解调结果
DFH	—	

信号 类型	调制 方式	解调结果
FH-DFH	2FSK	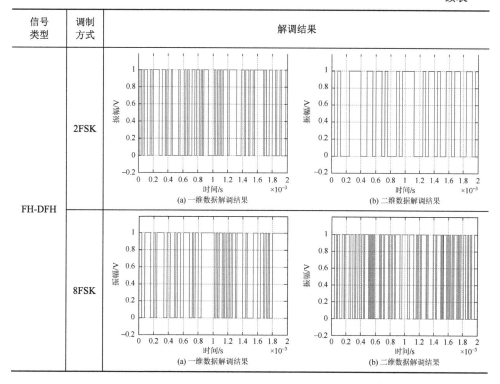
	8FSK	

根据测试结果可以得出以下结论：基于 FH-DFH 的复合维度信息传输方法，支持 FH/DFH 扩频通信体制，仿真信号具备 FH 信号和 DFH 信号的时域和功率谱特征，接收过程与 FH 信号的 MFSK 解调、DFH 信号的基于 G^{-1} 函数解调过程一致。

4.5.3　信号产生测试

前 10 跳信号产生参数如表 4.9 所示。其中 G 函数规则为

$$f(n) = \begin{cases} f(n-1)+1, & D_1(n)=01 \\ f(n-1)-1, & D_1(n)=10 \\ f(n-1)+3, & D_1(n)=00 \\ f(n-1)-3, & D_1(n)=11 \end{cases}$$

表 4.9　前 10 跳信号产生参数

调制方式	参数内容	参数结果
2FSK （8.59MHz）	传输数据	D_1：01010111110110111011 D_2：0011000001
	G 函数初始值	5
	跳频序列	4, 3, 2, 15, 12, 11, 12, 9, 10, 7
	跳频载波频率/MHz	5.38, 4.60, 4.29, 11.61, 9.58, 9.09, 9.58, 8.31, 8.70, 7.61
	频率偏移	$-\Delta f, -\Delta f, +\Delta f, +\Delta f, -\Delta f, -\Delta f, -\Delta f, -\Delta f, -\Delta f, +\Delta f$
	信号频率/MHz	5.37, 4.59, 4.3, 11.62, 9.57, 9.08, 9.57, 8.3, 8.69, 7.62
4FSK （14.84MHz）	传输数据	D_1：10001001100000010000 D_2：11111111010000001001
	G 函数初始值	3
	跳频序列	4, 7, 8, 7, 8, 11, 14, 13, 0, 3
	跳频载波频率/MHz	7.50, 10.332, 11.21, 10.332, 11.21, 13.389, 16.231, 15.254, 3.233, 6.338
	频率偏移	$+2\Delta f, +2\Delta f, +2\Delta f, +2\Delta f, +\Delta f, -\Delta f, -2\Delta f, -2\Delta f, -\Delta f, +\Delta f$
	信号频率/MHz	7.52, 10.352, 11.23, 10.352, 11.22, 13.379, 16.211, 15.234, 3.223, 6.348
2FSK （16.9MHz）	传输数据	D_1：10110010000101010010 D_2：0010101010
	G 函数初始值	3
	跳频序列	4, 1, 4, 5, 8, 7, 6, 5, 8, 9
	跳频载波频率/MHz	7.725, 4.502, 7.725, 9.15, 11.836, 11.113, 9.776, 9.15, 11.836, 13.534
	频率偏移	$-\Delta f, -\Delta f, +\Delta f, -\Delta f, +\Delta f, -\Delta f, +\Delta f, -\Delta f, +\Delta f, -\Delta f$
	信号频率/MHz	7.715, 4.492, 7.735, 9.14, 11.846, 11.103, 9.786, 9.14, 11.846, 13.524
8FSK （16.9MHz）	传输数据	D_1：10110010000101010010 D_2：11000110001101010111100111100111
	G 函数初始值	3
	跳频序列	4, 1, 4, 5, 8, 7, 6, 5, 8, 9
	跳频载波频率/MHz	7.725, 4.58, 7.725, 9.15, 11.836, 11.113, 9.776, 9.15, 11.836, 13.534
	频率偏移	$-\Delta f, +\Delta f, -3\Delta f, +3\Delta f, -2\Delta f, +2\Delta f, -\Delta f, +3\Delta f, -3\Delta f, +4\Delta f$
	信号频率/MHz	7.715, 4.59, 7.425, 9.18, 11.816, 11.133, 9.766, 9.18, 11.806, 13.574

注：Δf 为 10kHz。

第一跳基于 FH-DFH 的复合维度信号时域和功率谱结果如图 4.11～图 4.14 所示。可见，跳频带宽分别为 8.59MHz/14.84MHz/16.9MHz，采用 2FSK、4FSK 和 8FSK 调制的第一跳基于 FH-DFH 的复合维度信号发射频率分别为 5.37MHz、7.52MHz、7.715MHz 和 7.715MHz，每跳信号仅包含一个频率，在功率谱仿真结果中分别在对应的频率位置出现了信号功率的峰值。

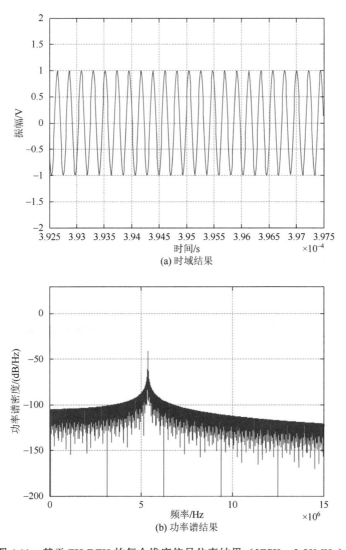

图 4.11　基于 FH-DFH 的复合维度信号仿真结果（2FSK，8.59MHz）

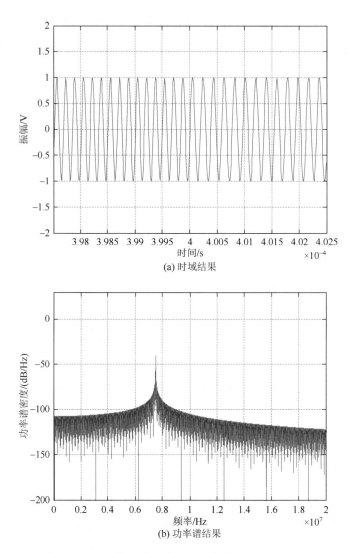

(a) 时域结果

(b) 功率谱结果

图 4.12 基于 FH-DFH 的复合维度信号仿真结果（4FSK，14.84MHz）

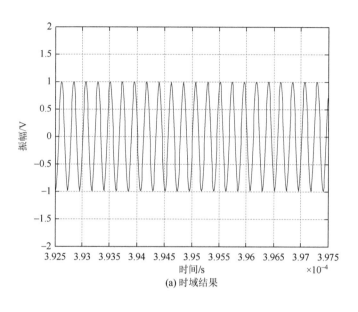

(a) 时域结果

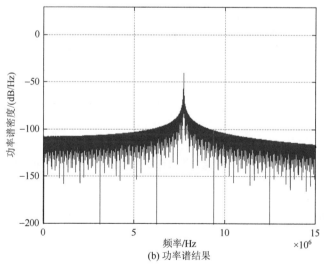

(b) 功率谱结果

图 4.13　基于 FH-DFH 的复合维度信号仿真结果（2FSK，16.9MHz）

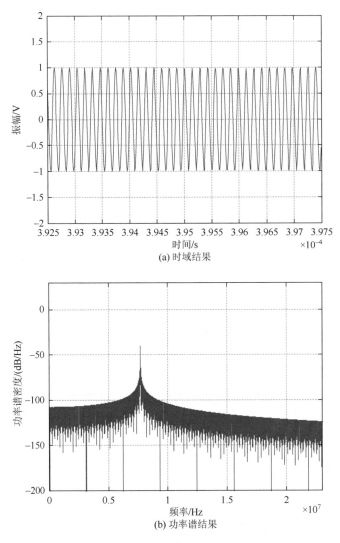

图 4.14　基于 FH-DFH 的复合维度信号仿真结果（8FSK，16.9MHz）

4.5.4　信道处理测试

　　基于 FH-DFH 的复合维度信号经信道仿真单元处理后结果如图 4.15～图 4.18 所示。可见基于 FH-DFH 的复合维度信号中增加了赖斯信道模型处理成分和高斯白噪声成分，信号时域波形受噪声影响，信号功率谱结果中增加了噪声成分，

基于 2FSK、4FSK 和 8FSK 调制的单跳基于 FH-DFH 的复合维度信号分别在
5.37MHz、7.52MHz、7.715MHz 和 7.715MHz 处出现信号功率峰值。

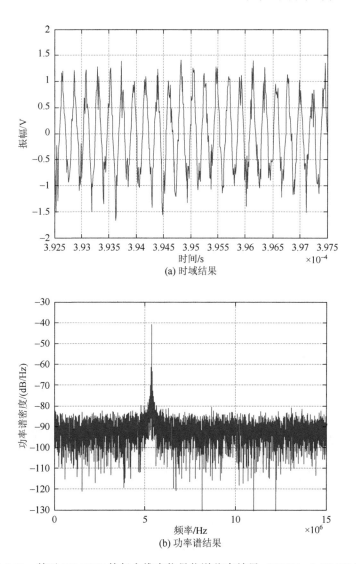

(a) 时域结果

(b) 功率谱结果

图 4.15　基于 FH-DFH 的复合维度信号信道仿真结果（2FSK，8.59MHz）

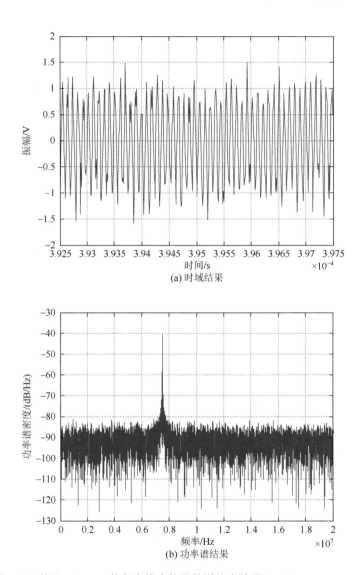

(a) 时域结果

(b) 功率谱结果

图 4.16　基于 FH-DFH 的复合维度信号信道仿真结果（4FSK，14.84MHz）

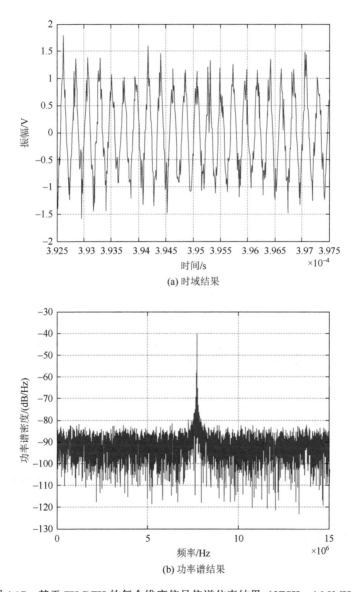

(a) 时域结果

(b) 功率谱结果

图 4.17　基于 FH-DFH 的复合维度信号信道仿真结果（2FSK，16.9MHz）

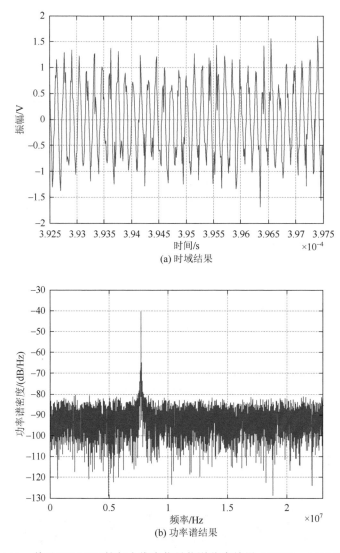

图 4.18 基于 FH-DFH 的复合维度信号信道仿真结果（8FSK，16.9MHz）

4.5.5 信号接收测试

接收方对连续两跳基于 FH-DFH 的复合维度信号的 FFT 处理结果如图 4.19～图 4.22 所示。可见带宽为 8.59MHz 的基于 2FSK 调制的复合维度信号分别在 5.37MHz 和 4.59MHz、带宽为 14.84MHz 的基于 4FSK 调制的复合维度信号分

别在 7.52MHz 和 10.352MHz、带宽为 16.9MHz 的基于 2FSK 调制的复合维

度信号分别在 7.715MHz 和 4.492MHz、带宽为 16.9MHz 的基于 8FSK 调制的

复合维度信号分别在 7.715MHz 和 4.59MHz 处出现两跳信号能量的峰值。

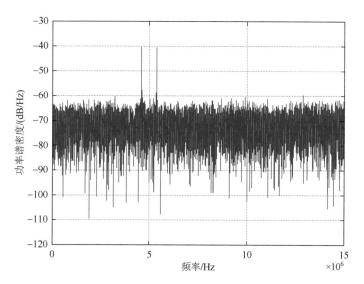

图 4.19　基于 FH-DFH 的复合维度信号 FFT 处理结果（2FSK，8.59MHz）

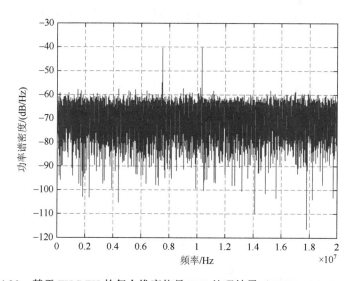

图 4.20　基于 FH-DFH 的复合维度信号 FFT 处理结果（4FSK，14.84MHz）

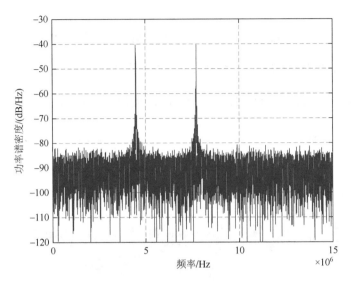

图 4.21　基于 FH-DFH 的复合维度信号 FFT 处理结果（2FSK，16.9MHz）

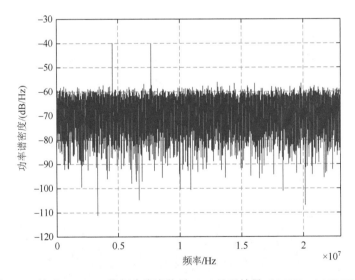

图 4.22　基于 FH-DFH 的复合维度信号 FFT 处理结果（8FSK，16.9MHz）

连续 10 跳信号的发射频率检测结果、跳频序列识别结果和频率偏移识别结果如表 4.10 所示。可见，通过对 FFT 处理结果的检测识别，实现了对基于 FH-DFH 的复合维度信号发射频率、跳频序列和频率偏移的检测识别功能。数据解调结果如图 4.23～图 4.26 所示。根据 G^{-1} 函数可解调得到一维数据，根据每跳频率偏移通过 MFSK 解调得到二维数据。当调制方式为 2FSK、4FSK 和 8FSK 时，R_b 提高比率分别为 50%、100%和 150%。

表 4.10　连续 10 跳频点检测结果（三）

调制方式	检测内容	结果数据
2FSK（8.59MHz）	信号频率检测结果/MHz	5.37, 4.59, 4.3, 11.62, 9.57, 9.08, 9.57, 8.3, 8.69, 7.62
	跳频序列识别结果	4, 3, 2, 15, 12, 11, 12, 9, 10, 7
	频率偏移识别结果	$-\Delta f, -\Delta f, +\Delta f, +\Delta f, +\Delta f, -\Delta f, -\Delta f, -\Delta f, -\Delta f, -\Delta f$
4FSK（14.84MHz）	信号频率检测结果/MHz	7.52, 10.352, 11.23, 10.352, 11.22, 13.379, 16.211, 15.234, 3.223, 6.348
	跳频序列识别结果	4, 7, 8, 7, 8, 11, 14, 13, 0, 3
	频率偏移识别结果	$+2\Delta f, +2\Delta f, +2\Delta f, +2\Delta f, +\Delta f, -\Delta f, -\Delta f, -2\Delta f, -2\Delta f, -\Delta f$
2FSK（16.9MHz）	信号频率检测结果/MHz	7.715, 4.492, 7.735, 9.14, 11.846, 11.103, 9.786, 9.14, 11.846, 13.524
	跳频序列识别结果	4, 1, 4, 5, 8, 7, 6, 5, 8, 9
	频率偏移识别结果	$-\Delta f, -\Delta f, +\Delta f, -\Delta f, +\Delta f, -\Delta f, +\Delta f, -\Delta f, +\Delta f, -\Delta f$
8FSK（16.9MHz）	信号频率检测结果/MHz	7.715, 4.59, 7.425, 9.18, 11.816, 11.133, 9.766, 9.18, 11.806, 13.574
	跳频序列识别结果	4, 1, 4, 5, 8, 7, 6, 5, 8, 9
	频率偏移识别结果	$-\Delta f, +\Delta f, -3\Delta f, +3\Delta f, -2\Delta f, +2\Delta f, -\Delta f, +3\Delta f, -3\Delta f, +4\Delta f$

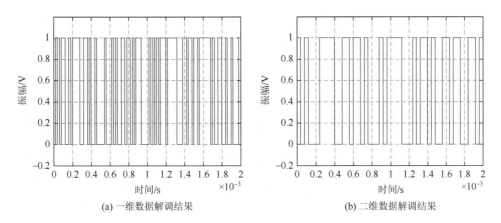

(a) 一维数据解调结果　　　　　　　　　　(b) 二维数据解调结果

图 4.23　基于 FH-DFH 的复合维度信号数据解调结果（2FSK，8.59MHz）

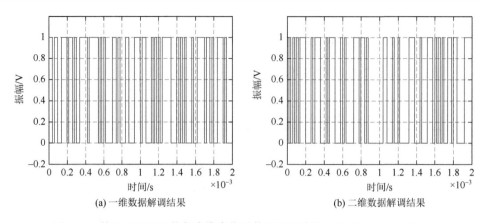

(a) 一维数据解调结果　　　　　　　　　(b) 二维数据解调结果

图 4.24　基于 FH-DFH 的复合维度信号数据解调结果（4FSK，14.84MHz）

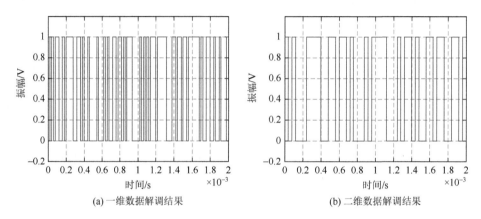

(a) 一维数据解调结果　　　　　　　　　(b) 二维数据解调结果

图 4.25　基于 FH-DFH 的复合维度信号数据解调结果（2FSK，16.9MHz）

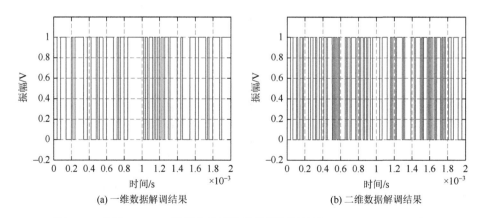

(a) 一维数据解调结果　　　　　　　　　(b) 二维数据解调结果

图 4.26　基于 FH-DFH 的复合维度信号数据解调结果（8FSK，16.9MHz）

图 4.27 为在 AWGN 信道和相同仿真参数条件下，FH-DFH 与 DFH 抗噪声性能比较结果。其中，调制阶数 $M=4$。可见，在相同误码率条件下，基于 FH-DFH 的复合维度信息传输方法对应的一维数据 E_b/N_0 高于 DFH 传输方法对应的 E_b/N_0。基于 FH-DFH 的复合维度信息传输方法对应的总误码率较 DFH 对应的 E_b/N_0 高约 0.5dB。随着调制阶数的增加，二者性能逐渐接近。

通过对基于 FH-DFH 的复合维度信息传输方法的信号产生、传输和接收过程的仿真，结果表明了该方法的正确和有效，在跳变频率≥5000Hz、总功率不变的条件下，R_b 提高了不低于 25%。

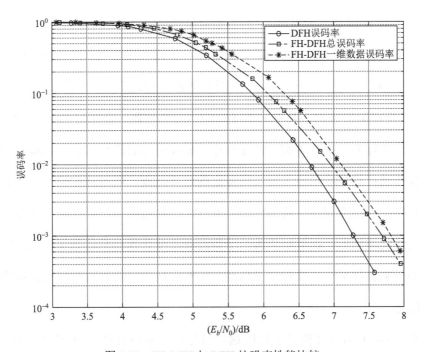

图 4.27　FH-DFH 与 DFH 抗噪声性能比较

第5章　基于 DFH-OFDM 的复合维度信息传输方法

5.1　理　论　依　据

差分跳频技术是一种相关跳频技术，具有较强数据率和抗干扰能力。为进一步提高传输过程的抗干扰性和传输数据率，本章提出了 DFH-OFDM 复合维度信息传输方法。该方法采用 OFDM 进行一维数据传输，同时引入 DFH 通信体制中的 G 函数对 OFDM 中的多子载波的频率选取进行控制，频率选取规则与二维数据需满足预定的关联映射条件，从而实现二维信息传输。该方法的实现是以 OFDM 技术为基础，从控制子载波通道选取和时域特征出发，通过 DFH 中 G 函数的扇出系数完成对子载波的频率控制。OFDM 技术是利用正交的子载波进行并行数据调制，再对所有子载波调制后的数据进行求和来实现高速数据传输；差分跳频技术是依据特定的运算规则，利用待传输的数据来控制相邻频率间的跳变规律。将 DFH 与 OFDM 技术相结合，可在每个子载波携带数据信息的基础上，利用相邻跳的子载波频率变化携带新的数据信息，即通过信号的子载波频率变化规律携带信息，其本质是利用信号的频域统计特性传输数据信息。

基于 DFH-OFDM 的复合维度通信信号的时频域特性与 OFDM 信号相同，同样具有频带利用率高等特点，同时由于调制方式可保持不变，信号的功率谱分布特性也不发生变化。对于非合作方而言，基于 DFH-OFDM 的复合维度通信信号与 OFDM 信号的时频特性完全一致，无法仅从信号的时域、频域和功率谱分布角度进行区分，因而不易发现由相邻子载波频率变化规律携带的信息，具有较强的隐蔽性。此外，在相同发射功率条件下，除利用每个子载波信号调制一维信息外，也利用子载波的频率变化携带另一维信息，实现了复合维度信息传输，增加了传输数据率。

基于 DFH-OFDM 的复合维度通信信号的子载波频率变化不再固定不变，而是通过特定的运算规则，根据待传输的信息，控制产生子载波频率变化规则。待传输信息的随机性，将导致 OFDM 中子载波的随机性，使得每个 OFDM 符号中的子载波频率同样具有随机性，增加了通信过程的抗干扰性，降低了被截获的概率。

5.2　传　输　机　理

5.2.1　产生机理

设待传输的二维信息数据分别为 $D_1(n)$ 和 $D_2(n)$。根据调制阶数和 G 函数运算规则对待传输信息数据进行变换，$D_1(n) \rightarrow S_1(m)$，$D_2(n) \rightarrow S_2(m)$。其中，$S_1(m)$ 和 $S_2(m)$ 分别是 $D_1(n)$ 和 $D_2(n)$ 对应的符号，符号长度分别取决调制阶数和 G 函数的扇出系数。二维信息数据调制映射关联如图 5.1 所示。

当 G 函数扇出系数等于 2 时，按照 G 函数规则，可建立子载波频率 $f(i)$ 和二维数据 $D_2(n)$ 的关系：

$$f(i) = G(f(i-1), D_2(i)) \tag{5.1}$$

当扇出系数大于 2 时，采用二维数据 $D_2(n)$ 对应的符号 $S_2(m)$ 按照 G 函数规则，得到对应的子载波频率为

$$f(i) = G(f(i-1), S_2(i)) \tag{5.2}$$

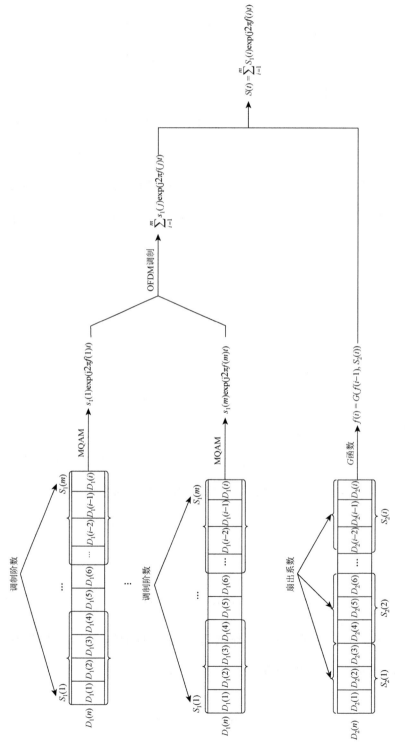

图 5.1　基于 DFH-OFDM 的二维信息数据调制映射关联示意图

进一步，将一维数据 $D_1(n)$ 对应的符号 $S_1(m)$ 调制到由二维数据 $D_2(n)$ 对应符号 $S_2(m)$ 产生的各子载波 $f(i)$ 上，可得 DFH-OFDM 的复合维度通信信号为

$$S(t) = \sum_{i=1}^{m} S_1(i) \exp(\mathrm{j}2\pi f(i)t) \tag{5.3}$$

由式（5.3）产生的基于 DFH-OFDM 的复合维度通信信号时频域分布如图 5.2 所示，每个子载波频率由二维数据 $D_2(n)$ 和前一个子载波频率根据 G 函数规则计算得到，依次类推，计算出所有子载波频率，进而产生基于 DFH-OFDM 的复合维度通信信号。

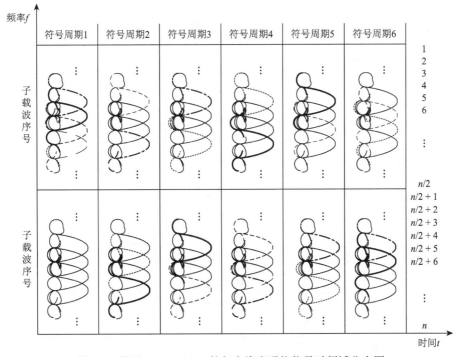

图 5.2　基于 DFH-OFDM 的复合维度通信信号时频域分布图

5.2.2　接收机理

产生的基于 DFH-OFDM 的复合维度通信信号经信道传输后，在接收方对 t 时刻对应的 DFH-OFDM 接收信号进行 FFT 处理。

$$S(\omega) = \sum_{i=1}^{m} S(t)\exp(-j2\pi f(i)t) \tag{5.4}$$

进一步，考虑到一维数据对应的符号为 $S_1(m)$ ，则子载波数等于 m 。设 DFH-OFDM 符号周期为 T ，对 FFT 处理后的结果进行频点检测得到 t 时刻传输数据符号所用的 OFDM 子载波如下：

$$\cdots, f(m), f(m-2), f(1), \cdots \tag{5.5}$$

设当前 DFH-OFDM 符号对应时刻 t 的前一个 DFH-OFDM 符号对应的时刻为 $t-T$ ，则根据前后符号之间检测到的子载波频率和 G^{-1} 函数，便可以恢复出 $S_2(m)$ ，再通过 $S_2(m)$ 得到 $D_2(n)$ 。最后，通过对子载波携带的一维数据符号进行解调得到 $S_1(m)$ ，进一步，利用 $S_1(m)$ 得到传输的一维数据 $D_1(n)$ 。 G^{-1} 函数与数据的关联规则如下：

$$S_2(m) = G^{-1}(f_{t-T}(m-1), f_t(m)) \tag{5.6}$$

基于 FFT 的子载波频率检测结果如图 5.3 所示。

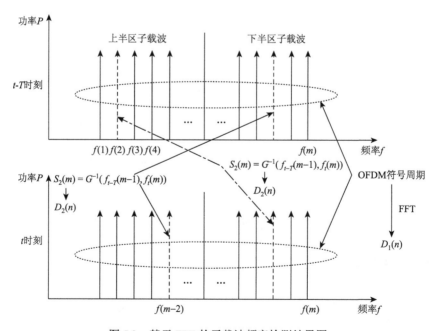

图 5.3　基于 FFT 的子载波频率检测结果图

5.3　方　法　实　现

在 DFH-OFDM 传输机理的基础上，本节将建立总体的通信模型。首先根据二维数据 $D_2(n)$ 配置 G 函数的扇出系数，进而完成二维数据 $D_2(n)$ 与子载波之间的映射关系，进一步对一维数据 $D_1(n)$ 依次经过串并转换、星座映射和 IFFT 后，生成 DFH-OFDM 信号。接收方，通过 FFT、子通道检测、星座逆映射、并串转换实现对一维数据 $D_1(n)$ 的恢复，进一步通过子载波检测和 G^{-1} 函数实现对二维数据 $D_2(n)$ 的恢复。基于 DFH-OFDM 的复合维度信息传输原理如图 5.4 所示。

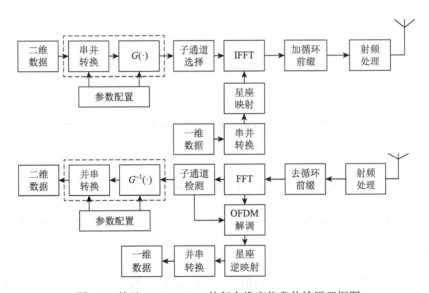

图 5.4　基于 DFH-OFDM 的复合维度信息传输原理框图

信号产生流程如图 5.5 所示，流程描述如下。

步骤一：先设置一维数据速率 R_1，二维数据速率 R_2。确定 G 函数的扇出系数和子通道数，要求子通道数大于扇出系数。

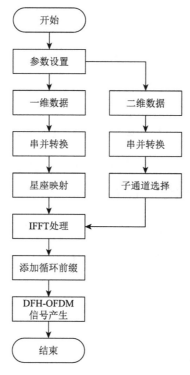

图 5.5　信号产生流程图

步骤二：借助子通道数量和 G 函数的扇出系数，对一维数据和二维数据进行串并转换。

步骤三：对一维数据串并转换后的结果进行星座映射。

步骤四：根据二维数据串并转换后的结果，对子通道进行选择，确立搭载二维数据的子载波。

步骤五：借助星座映射和子通道的选择结果进行 IFFT 处理，生成 DFH-OFDM 调制信号。

步骤六：对 DFH-OFDM 调制信号添加循环前缀。

步骤七：经由射频处理后生成 DFH-OFDM 射频信号。

信号接收处理流程如图 5.6 所示，流程描述如下。

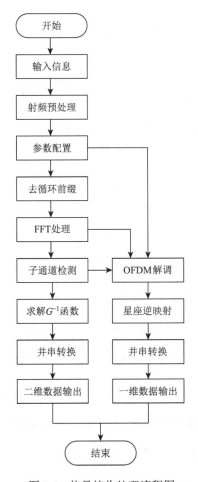

图 5.6　信号接收处理流程图

步骤一：对接收的 DFH-OFDM 信号进行射频预处理。

步骤二：进行参数配置。

步骤三：对接收到的 DFH-OFDM 信号去循环前缀。

步骤四：对去循环前缀后的 DFH-OFDM 信号进行 FFT 处理。

步骤五：根据 FFT 处理后的结果进行子通道检测。

步骤六：借助子通道检测结果实现对 OFDM 符号的解调。

步骤七：对解调出的 OFDM 符号进行星座逆映射。

步骤八：对星座逆映射的结果进行并串转换。

步骤九：对并串转换后的结果进行解交织处理，恢复出一维数据。

步骤十：借助子通道检测结果，完成 G^{-1} 函数求解。

步骤十一：对 G^{-1} 函数的输出进行并串转换，恢复出二维数据。

5.4 性 能 分 析

基于 DFH-OFDM 的复合维度信息传输方法将 DFH 与 OFDM 技术相融合，产生的复合维度通信信号与 OFDM 信号具有相同的时频域特性。在接收机中对信号进行解调时，先解调采用 OFDM 传输的一维数据，再解调采用差分跳频体制传输的二维数据。进一步，考虑到 DFH-OFDM 信号与 DFH 或 OFDM 信号传输机理不同，因此三者的抗噪声性能不同，但又存在内在关联性。

本节将开展基于 DFH-OFDM 的复合维度信息传输方法的研究，对一维数据采用 OFDM 调制，子载波中对每个符号采用 MQAM。进一步，考虑到 OFDM 信号 N 个子载波的正交性，可将 OFDM 信号的抗噪声性能等效为 N 个 MQAM 信号抗噪声性能之和。不失一般性，设 OFDM 信号对应的子载波数为 N，每个子通道采用 MQAM，且每个子通道对应的误码率为 P_M，则 MQAM 信号误码率计算过程如下。

设每个子通道对应的 MQAM 信号可表示为

$$e_{\text{MQAM}}(t) = \sum_{n=-\infty}^{+\infty} A_n g(t - nT_s) \cos(\omega_c t + \phi_n) \tag{5.7}$$

式中，A_n 是基带信号的振幅；$g(t - nT_s)$ 是脉宽为 T_s 的第 n 个码元的基带信号波形；ϕ_n 是第 n 个码元对应的载波相位。进一步，式（5.7）对应的正交表达式为

$$
\begin{aligned}
e_{\mathrm{MQAM}}(t) &= \left(\sum_{n=-\infty}^{+\infty} A_n g(t-nT_s)\cos\phi_n \right)\cos\omega_c t - \left(\sum_{n=-\infty}^{+\infty} A_n g(t-nT_s)\cos\phi_n \right)\sin\omega_c t \\
&= \left(\sum_{n=-\infty}^{+\infty} X_n g(t-nT_s) \right)\cos\omega_c t - \left(\sum_{n=-\infty}^{+\infty} Y_n g(t-nT_s) \right)\sin\omega_c t
\end{aligned}
$$

$$(5.8)$$

式中，$X_n = A_n \cos\phi_n$，与 Y_n 是第 n 个码元振幅；$\displaystyle\sum_{n=-\infty}^{+\infty} X_n g(t-nT_s)$ 与 $\displaystyle\sum_{n=-\infty}^{+\infty} Y_n g(t-nT_s)$ 为基带信号。

通常情况下，MQAM 信号星座常采用矩形形式，对于 $M = 2^k$ 下的矩形信号星座图（k 为偶数），MQAM 信号星座图与正交载波信号上的两个脉冲幅度调制（pulse amplitude modulation，PAM）信号是等价的，这两个信号中的每一个都有 $\sqrt{M} = 2^{k/2}$ 个信号点。因为相位正交分量上的信号能被相干判定方法进行分离，所以可通过 PAM 的误码率来确定 MQAM 的误码率。MQAM 信号正确判定的概率可由式（5.9）来表示：

$$
p_C = (1 - P_{\sqrt{M}})^2 \tag{5.9}
$$

式中，$P_{\sqrt{M}}$ 是 $\sqrt{M}$ 进制 PAM 系统的误码率，该 PAM 系统具有等价 MQAM 系统的每一个正交信号一半的平均功率。通过 M 进制 PAM 系统的误码率可求出 $\sqrt{M}$ 进制 PAM 系统的误码率，如式（5.10）所示：

$$
P_{\sqrt{M}} = 2\left(1 - \frac{1}{\sqrt{M}} Q\left(\frac{3}{M-1}\frac{E_s}{n_0} \right) \right) \tag{5.10}
$$

式中，$\dfrac{E_s}{n_0}$ 表示每个符号的平均信噪比；E_s 表示符号能量；n_0 表示高斯白噪声的单边功率谱密度。因此 MQAM 的误码率为

$$P_M = 1 - (1 - P_{\sqrt{M}})^2$$

$$= 1 - \left(1 - 2\left(1 - \frac{1}{\sqrt{M}}Q\left(\frac{3}{M-1}\frac{E_s}{n_0}\right)\right)\right)^2 \tag{5.11}$$

进一步，设 OFDM 信号的误码率为 P_e^1，采用 MQAM 调制时 OFDM 信号的误码率可以看成 N 个子通道对应误码率的和，即

$$P_e^1 = NP_M$$

$$= N\left(1 - \left(1 - 2\left(1 - \frac{1}{\sqrt{M}}Q\left(\frac{3}{M-1}\frac{E_s}{n_0}\right)\right)\right)^2\right) \tag{5.12}$$

二维数据采用 DFH 差分跳频体制进行传输，其对应的误码率 P_e^2 如式（5.13）所示。由 DFH-OFDM 复合维度传输体制机理可知，当二维数据 $D_2(n)$ 解调出现错误时，一维数据 $D_1(n)$ 解调时部分出错；当二维数据 $D_2(n)$ 解调无错误时，一维数据 $D_1(n)$ 解调时也有可能出错。设参与跳变的子载波数为 N_1，因此，DFH-OFDM 复合维度通信所对应的误码率 P_e 可表示为

$$P_e = (1 - P_e^2)P_e^1 + P_e^2\left(\frac{N - N_1}{(2^{\text{BPH}} - 1)N}\right) \tag{5.13}$$

综上，DFH-OFDM 信号对应的误码率为

$$P_e = \left(1 - \sum_{n=1}^{N'-1}(-1)^{n+1}C_{N'-1}^n\frac{1}{n+1}e^{-\gamma n/(n+1)}\right)N\left(1 - \left(1 - 2\left(1 - \frac{1}{\sqrt{M}}Q\left(\frac{3}{M-1}\frac{E_s}{n_0}\right)\right)\right)^2\right)$$

$$+ \left(\sum_{n=1}^{N'-1}(-1)^{n+1}C_{N'-1}^n\frac{1}{n+1}e^{-\gamma n/(n+1)}\right)\left(\frac{N - N_1}{(2^{\text{BPH}} - 1)N}\right)$$

$$\tag{5.14}$$

可见，复合维度信号的误码率 P_e 与扇出系数 BPH、子载波数 N、调制阶

数 M 及归一化符号信噪比 γ、$\dfrac{E_s}{n_0}$ 有关，而且随着扇出系数 BPH、子载波数 N、

调制阶数 M 及归一化符号信噪比 γ、$\dfrac{E_s}{n_0}$ 增大，P_e 呈降低趋势。

5.5　仿　真　分　析

基于 DFH-OFDM 的复合维度信息传输方法仿真与验证是在 MATLAB 环境下进行的。参数设置为：频段范围 1438～1444MHz，传输速率 2.88Mbit/s。基于此，在 MATLAB 仿真环境下，本节进行了传输方法的仿真。仿真参数为：调制方式 16QAM，采样频率 40.96MHz，子载波跳变频率 5000Hz，调制方式 16QAM，扇出系数 2/4，子载波数 288，空子载波数 144/120，一维数据率 2.88Mbit/s，二维数据率 720kbit/s、400kbit/s。

5.5.1　功能测试

基于 DFH-OFDM 的复合维度信息传输仿真验证程序的发射方和接收方界面如图 5.7 和图 5.8 所示。

测试结果表明：基于 DFH-OFDM 的复合维度信息传输仿真验证程序包含仿真控制管理单元、基于 DFH-OFDM 的复合维度信号产生仿真单元、信道仿真单元、干扰信号产生仿真单元、基于 DFH-OFDM 的复合维度信号接收仿真单元和通信效能分析单元。

发射方集成了仿真控制管理单元的场景选择、工作参数、传输参数和干扰控制设置等功能，信号仿真单元的基带信号产生、G 函数产生的子载波频率和 16QAM 调制等功能，信道信号产生仿真单元的赖斯模型参数设置、自由空间损耗、大气损耗和降雨损耗参数设置等功能，干扰信号产生仿真单元的干扰相

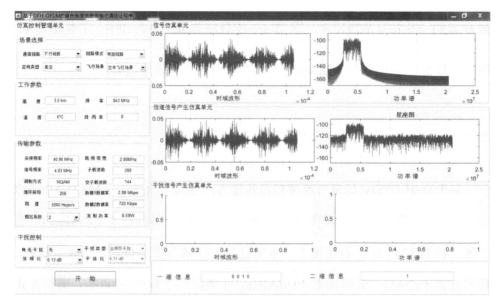

图 5.7　发射方界面

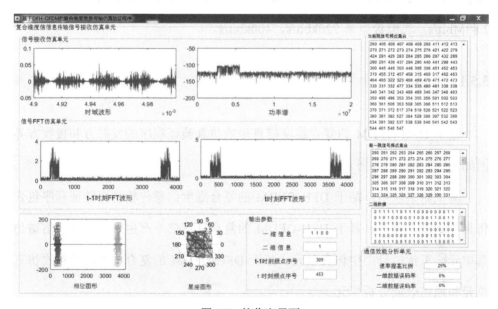

图 5.8　接收方界面

关参数配置和干扰信号产生等功能。接收方集成了基于 **DFH-OFDM** 的复合维度信号接收仿真单元的时频分析处理、频点检测处理、G^{-1} 函数处理、数据率分析等功能。

不同传输数据率条件下的基于 DFH-OFDM 的复合维度信号产生仿真单元测试结果如图 5.9 所示。

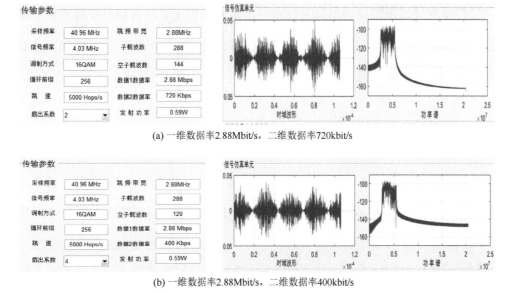

(a) 一维数据率2.88Mbit/s，二维数据率720kbit/s

(b) 一维数据率2.88Mbit/s，二维数据率400kbit/s

图 5.9　不同传输数据率参数条件下基于 DFH-OFDM 的复合维度信号产生测试结果

不同干扰信号类型条件下的干扰信号产生仿真单元测试结果如图 5.10 所示。

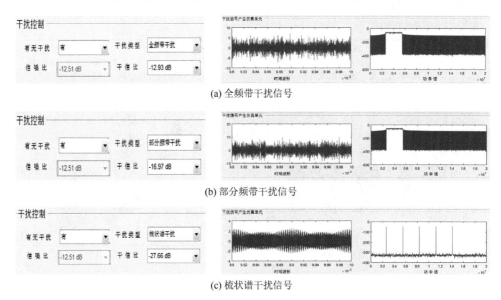

(a) 全频带干扰信号

(b) 部分频带干扰信号

(c) 梳状谱干扰信号

图 5.10　不同干扰信号类型条件下干扰信号产生测试结果

测试结果表明：基于 DFH-OFDM 的复合维度信息传输仿真验证程序可灵活设置传输数据率参数、灵活配置干扰信号样式和干扰功率等参数。

根据测试结果可以得出以下结论：本章方法实现了具有信息隐蔽通信功能的基于 DFH-OFDM 的复合维度信息传输仿真验证程序，实现了基于 DFH-OFDM 的复合维度信息传输方法。

5.5.2 信号产生测试

基于 DFH-OFDM 的复合维度通信信号仿真结果如图 5.11 所示。其中，图 5.11（a）与（b）和图 5.11（c）与（d）分别对应扇出系数等于 2 和 4 的仿

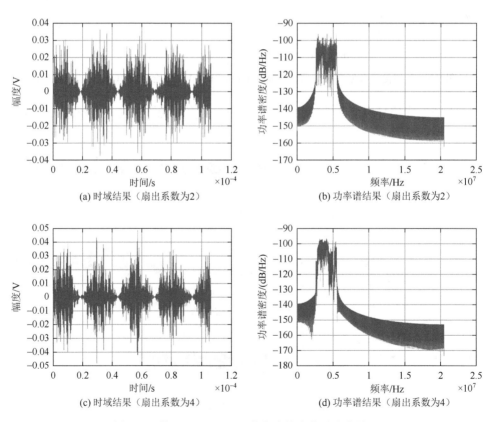

(a) 时域结果（扇出系数为2）

(b) 功率谱结果（扇出系数为2）

(c) 时域结果（扇出系数为4）

(d) 功率谱结果（扇出系数为4）

图 5.11 基于 DFH-OFDM 的复合维度信号仿真结果

真结果。可见，基于 DFH-OFDM 的复合维度信号中每一跳包含的频点数等于子载波数，且在各子载波频点处出现峰值；扇出系数为 2 时，携带一维数据子载波数等于空子载波数，参与跳变子载波数等于空子载波数；扇出系数为 4 时，携带一维数据子载波数大于空子载波数，参与跳变子载波数等于空子载波数的 1/3。扇出系数的变化不改变 DFH-OFDM 信号带宽，带宽均等于 2.88MHz，符合基于 DFH-OFDM 的复合维度信号产生要求。

5.5.3　信道处理测试

基于 DFH-OFDM 的复合维度通信信号经信道仿真结果如图 5.12 所示。其中，图 5.12（a）与（b）和图 5.12（c）与（d）分别对应扇出系数等于 2 和 4 的仿真结果。可见信号中增加了赖斯信道模型处理成分和高斯白噪声成分，时域信号及功率谱受信道特性影响明显，具体表现为每一跳包含的频点数虽然等于子载波数，但各子载波频点处出现峰值这一规律被打破，信号带宽等于 2.88MHz，证明了基于 DFH-OFDM 的复合维度通信信号经过信道处理单元仿真结果的正确性。

5.5.4　信号接收测试

接收方对相邻两跳基于 DFH-OFDM 的复合维度信号的 FFT 处理结果如图 5.13 所示。仿真结果表明，FFT 检测峰值序列数等于子载波数，且数值为 144，这证明了基于 DFH-OFDM 的复合维度通信信号经过接收处理单元仿真结果的正确性。

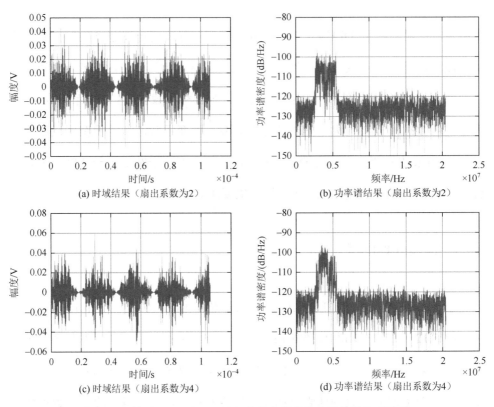

(a) 时域结果（扇出系数为2）　　　　　(b) 功率谱结果（扇出系数为2）

(c) 时域结果（扇出系数为4）　　　　　(d) 功率谱结果（扇出系数为4）

图 5.12　基于 DFH-OFDM 的复合维度通信信号经信道仿真结果

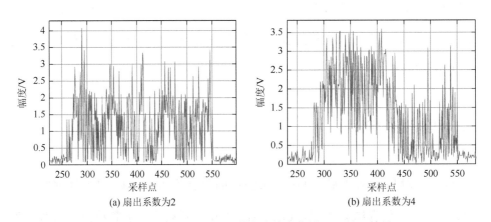

(a) 扇出系数为2　　　　　　　　　(b) 扇出系数为4

图 5.13　基于 DFH-OFDM 的复合维度信号 FFT 处理结果

单跳子载波频点检测结果如表 5.1 所示。可见，通过对当前跳信号 FFT 处理结果的子载波检测，得到了当前跳信号频点集合，实现了对二维数据的解析。

表 5.1 单跳子载波频点检测结果

子载波数	扇出系数	检测内容	结果数据
288	2	当前跳信号频点集合	260 405 406 407 408 409 266 411 412 413 270 271 272 273 274 275 276 421 422 279 424 281 426 283 284 285 286 287 432 289 290 291 436 437 294 295 440 441 298 443 300 445 446 303 448 305 306 451 452 453 310 455 312 457 458 315 460 317 462 463 464 465 322 323 468 469 470 471 472 473 330 331 332 477 334 335 480 481 338 339 340 341 342 343 488 489 346 347 348 493 350 495 496 353 354 355 356 501 502 503 360 361 506 363 508 365 366 511 512 513 370 371 372 517 374 519 520 521 522 523 380 381 382 527 384 529 386 387 532 389 534 391 392 537 538 539 540 541 542 543 544 401 546 547
		前一跳信号频点集合	{260 261 ⋯ 360 361 ⋯ 461 462 ⋯ 546 547}
		二维数据	0 1 1 1 1 1 1 0 1 1 1 0 0 0 0 0 0 1 1 0（此处以前 20bit 为例）
288	4	当前跳信号频点集合	428 469 510 471 512 473 514 267 436 269 270 439 480 481 442 523 524 485 446 447 488 449 530 491 284 533 454 287 536 497 458 459 460 501 542 543 464 297 466 299 428 429 262 511 432 513 434 515 436 269 438 519 272 273 442 276 277 526 487 488 529 530 451 452 285 286 455 496 289 458 291 540 541 294 543 504 297 506 507 428 509 470 511 472 265 266 475 476 269 518 439 440 521 522 483 444 485 278 527 448 449 450 283 532 285 287 496 457 538 539 292 541 502 463 504 465 506 299 468 429 470 471 264 265 266 435 476 477 478 271 480 273 274 442 444 277 486 527 528 489 450 283
		前一跳信号频点集合	{260 261 ⋯ 360 361 ⋯ 461 462 ⋯ 546 547}
		二维数据	0 1 1 0 1 1 1 0 1 1 1 0 1 1 0 0 0 1 0 0（此处以前 20bit 为例）

二维数据解调结果如图 5.14 所示。其中，图 5.14（a）与（b）和图 5.14（c）与（d）分别对应扇出系数等于 2 和 4 的仿真结果。根据当前跳频点集合和前一跳频点集合，利用 G^{-1} 函数解调得到二维数据，根据 FFT 处理得到一维数据。在扇出系数分别为 2 和 4 时，二维数据数据率分别为 720kbit/s 和 400kbit/s，R_b 提高比率分别为 25% 和 13.88%。

无干扰条件下基于 DFH-OFDM 的复合维度信息传输方法的信号产生、传输和接收过程的仿真，表明了本章方法的正确性和有效性，在跳变频率≥5000Hz、总功率不变的条件下，R_b 提高不低于 10%。

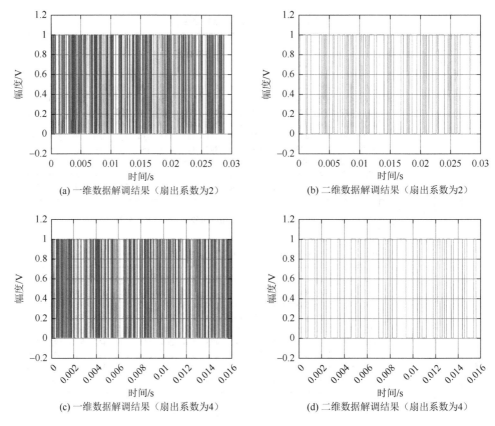

图 5.14　二维数据解调结果

　　图 5.15 为 AWGN 信道和相同仿真参数条件下，参与跳变子载波数等于 144 时，DFH-OFDM 与 OFDM 抗噪声性能比较结果。可见，在相同误码率条件下，基于 DFH-OFDM 的复合维度信息传输方法对应的一维数据 E_b / N_0 和采用 OFDM 传输方法对应的 E_b / N_0 一致；基于 DFH-OFDM 的复合维度信息传输方法对应的总误码率较 OFDM 传输方法对应的 E_b / N_0 高 0.3dB 左右；随着参与跳变子载波数目的减少，E_b / N_0 将会进一步下降。

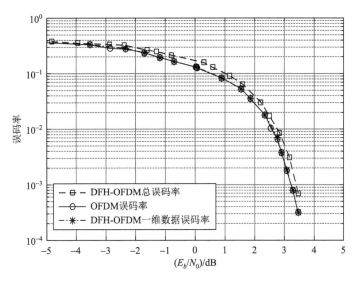

图 5.15　DFH-OFDM 与 OFDM 抗噪声性能比较

第6章　基于 MS-DSSS 的复合维度信息传输方法

6.1　理　论　依　据

扩频通信抗干扰能力强，可以在强噪声环境下进行通信，但是为提高扩频系统的干扰容限以及处理增益，是以扩展信号带宽为代价的。然而在带宽受限的前提下，为得到更好的系统性能，如获得更高的处理增益、更高的频带利用率等，本章提出了基于 MS-DSSS 的复合维度信息传输方法。常规 DSSS 中将要发送的信息用伪随机码扩展到很宽的一个频带上去，在接收方，利用与发送方相同的伪随机码对接收信号进行相关处理，恢复出发送的信息。基于 MS-DSSS 复合维度信息传输方法的核心机理是将多码（multiple sequence，MS）技术引入常规 DSSS 中。采用 DSSS 体制进行一维数据传输，通过具有正交特性的码集构造、伪码分选等核心策略，从而引入附加的二维数据，并建立关联映射机制，进一步与处理后的一维数据进行相应的基带处理，从而实现二维信息传输。将 MS 技术与常规 DSSS 技术相结合，可以在信息扩频处理的基础上，进一步利用码域上特性来映射信息，通过多码的匹配可以映射传输附加信息，其实质可视为利用信号的频域统计特性传输信息。

基于 MS-DSSS 的复合维度通信信号的时频域特性与常规 DSSS 信号相同，调制方式也可保持不变，信号的功率谱分布特性也不发生变化。对于非合作方而言，基于 MS-DSSS 的复合维度通信信号与常规 DSSS 信号的时频特性完全一致，无法仅从信号的时域、频域和功率谱分布角度进行区分，因而不易发现由伪码变化规律携带的信息，具有较强的隐蔽性。此外，在相同发射功率条件下，除扩频调制一维信息外，也利用伪码变化携带另一维信息，实现了复合维度信息传输，增加了传输数据率。

基于 MS-DSSS 的复合维度通信信号的扩频伪码不再固定不变，而是通过特定的运算规则，根据待传输的信息，控制扩频伪码的选择。待传输信息的随机性，将导致扩频伪码的近似不规律性，从而增加通信过程的抗干扰性，降低被截获的概率。

6.2　传　输　机　理

6.2.1　产生机理

基于直扩原理，利用高速率的扩频伪码将传输速率设为 R_1 的一维数据 $D_1(n)$ 进行扩频处理，从而得到扩频后的基带信号，如式（6.1）所示：

$$B(n) = D_1(n)C(n) \tag{6.1}$$

式中，$C(n)$ 为传统扩频伪码。为不影响一维数据 $D_1(n)$ 的传输效率和传输机理，利用扩频伪码的良好自相关和互相关特性，选取相互正交的扩频伪码集，并利用传输速率设为 R_2 的二维数据 $D_2(n)$ 来控制扩频伪码的匹配，从而配置动态变化的扩频伪码，并形成新的动态伪码 $C_{\varepsilon_j}^T(n)$ 替代原伪码 $C(n)$，进而式（6.1）可表示为

$$B(n) = D_1(n)C_{\varepsilon_j}^T(n) \tag{6.2}$$

式中，动态伪码 $C_{\varepsilon_j}^T(n)$ 的配置参数定义如下。

首先，定义模式控制系数 G，当 $G=0$ 时为自适应模式，当 $G=1$ 时为主动高效模式。

其次，定义主动高效模式下的增设系数 e，其是用户控制伪码组数的自定义增量。

最后，定义调制阶数 k、伪码组数 M 和转换时间 T。M 为扩频伪码集合中的有效伪码数；T 表示每 T 时间更换一次扩频伪码；k 为瞬时二维与一维的信息传输率比值。

基于配置参数的定义，本章进行动态伪码 $C_{\varepsilon_j}^T(n)$ 的配置，由于动态伪码 $C_{\varepsilon_j}^T(n)$ 的配置存在两种工作模式，为此分别进行分析。

（1）当 $G=0$ 时，为自适应模式，此模式是系统自动匹配的最优模式，此模式下，e 的取值不起作用。其调制阶数 k、伪码组数 M 的计算如式（6.3）和式（6.4）所示，此时二维与一维的数据转换频率相同。

$$k = \left[\frac{R_2}{R_1} \right]\uparrow \tag{6.3}$$

$$M = 2^k \tag{6.4}$$

式中，$[\,]\uparrow$ 为向上取整函数。

（2）当 $G=1$ 时，为主动高效模式，此模式是通过增加调制阶数来提高二维数据传输速率的模式，此时 e 的取值起作用。其调制阶数 k、伪码组数 M 的计算如式（6.5）和式（6.6）所示，此时二维与一维的数据转换频率相同。

$$k = \left[\frac{R_2}{R_1} \right]\uparrow \tag{6.5}$$

$$M = 2^{k+e} \tag{6.6}$$

通过上述参数的计算，可以得到二维数据 $D_2(n)$ 的一次传输位数，即每 k bit 映射一组扩频伪码，进而利用传输速率进行转换时间 T 的计算如式（6.7）所示；进一步，传输每周期的二维数据 $D_2(n)$ 共需要更新扩频伪码的次数，即终值更新次数如式（6.8）所示。

$$T = \frac{1}{R_1} \tag{6.7}$$

$$P = \frac{R_2}{k} \tag{6.8}$$

进而，利用伪码组数 M、转换时间 T 的计算，可以得到传输伪码集合 $\varepsilon_j \in [1\ M]$，ε_j 是利用第 j 组 k bit 信息进行编码映射的扩频伪码通道，ε_j 在 $1\sim M$ 范围内选择；而 $j \in [1\ P]$，j 是从第一组 k 到第 P 组 k 的伪码顺序取值。$D_2(n)$ 中每 k bit 的持续时间为 T，即每 T 时间传 k bit 信息，每 T 时间利用下一个 k bit 从伪码集中分选伪码，共需要 P 次选择。当 j 等于 P 时，不再选择伪码，即 T 不起作用。

利用参数 M、T、k、P 以及 ε_j，通过分时控制得到每 T 时间的动态伪码 $C_{\varepsilon_j}^T(n)$，并代入式（6.2），得到基带信号 $B(n)$。进而，对扩频后的基带信号 $B(n)$ 进行 BPSK 调制处理，产生 MS-DSSS 调制信号如式（6.9）所示，其中，$g(n)$ 为系列噪声项。二维数据调制映射关联如图 6.1 所示，产生的基于 MS-DSSS 的复合维度通信信号时域及码域分布如图 6.2 所示。

$$\begin{aligned} S(n) &= B(n)\sin(2\pi\omega_0 n + \theta) + g(n) \\ &= D_1(n)C_{\varepsilon_j}^T(n)\sin(2\pi\omega_0 n + \theta) + g(n) \end{aligned} \tag{6.9}$$

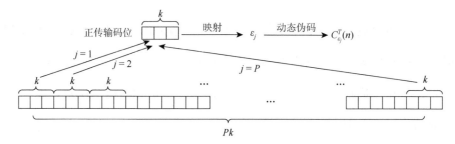

图 6.1　基于 MS-DSSS 的二维数据调制映射关联示意图

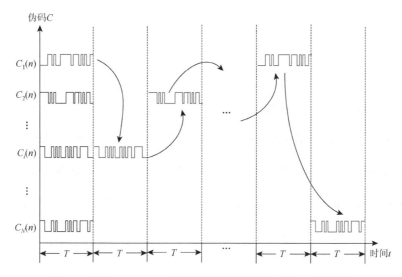

图 6.2　基于 MS-DSSS 的复合维度通信信号时域及码域分布

6.2.2　接收机理

对于接收方而言，其相关接收机理如图 6.3 所示。首先进行前端降频、滤波等处理，进而以中频频率为中心，利用估计 Doppler 频率进行混频处理，混频过程如式（6.10）所示，其中，$\lambda(n)$ 为混频处理后的频率估计误差的影响项，$g'(n)$ 为接收机前端处理后的系列噪声项。

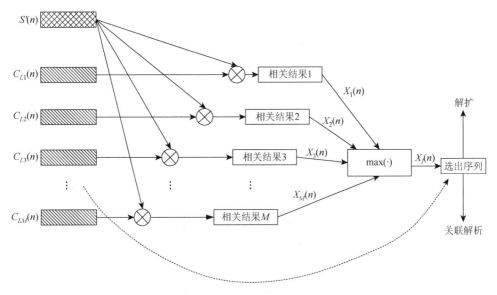

图 6.3 相关接收机理图

$$S'(n) = S(n)\sin(2\pi(\omega_0 + \Delta\omega)n + \theta)$$
$$= D_1(n)C_{\varepsilon_j}^T(n)\sin(2\pi\omega_0 n + \theta)\sin(2\pi(\omega_0 + \Delta\omega)n + \theta)$$
$$+ N_0\sin(2\pi(\omega_0 + \Delta\omega)n + \theta)$$
$$\approx D_1(n)C_{\varepsilon_j}^T(n)\lambda(n) + g'(n) \qquad (6.10)$$

进一步，为正确接收并解调数据信息，本地利用伪码组数 M 进行多通道伪码生成处理，并记为 $C_{Li}(n)$，其中，$i \in [1 \ M]$。并利用 M 通道的本地伪码与处理后的接收信号进行相关运算，如式（6.11）所示：

$$X_i(n) = S'(n) * C_{Li}(n)$$
$$= (D_1(n)C_{\varepsilon_j}^T(n)\lambda(n) + g'(n)) * C_{Li}(n)$$
$$= D_1(n)C_{\varepsilon_j}^T(n)C_{Li}(n)\lambda(n) + g'(n)C_{Li}(n) \qquad (6.11)$$

通过对比通道相关结果，最大峰值对应的通道设为 $i = I$，则其第 I 通道的伪码 $C_{Li}(n)$ 为

$$\begin{cases} X_1(n) \\ X_2(n) \\ \vdots \\ X_M(n) \end{cases} \xrightarrow{\max(\cdot)} i = I \rightarrow X_I(n) \qquad (6.12)$$

检测伪随机序列 $C_{\varepsilon_j}^T(n)$，经影射解析得到传输二维数据为 $D_2(n)$。

进一步，第 I 通道的相关结果可写为式（6.13），在积累时间内 $g'(n)$ 与 $C_{Li}(n)$ 没有相关性，因此 $g'(n)C_{Li}(n) \approx 0$，为此可以得到一维数据为 $D_1(n)$。

$$\begin{aligned} X_i(n) &\approx D_1(n)\lambda(n) + g'(n)C_{Li}(n) \\ &\approx D_1(n) \end{aligned} \qquad (6.13)$$

6.3 方 法 实 现

本节在 MS-DSSS 传输机理的基础上，建立总体的通信模型。通过参数设置选择工作模式，进而计算调制阶数、伪码组数、转换时间等控制系数，利用此控制系数与附加传输二维数据 $D_2(n)$ 建立关联映射，从而映射匹配扩频伪码，进一步将传输的一维数据 $D_1(n)$ 与匹配的扩频伪码进行扩频，并对扩频后的基带序列进行调制，生成 MS-DSSS 信号。接收方，利用多路相关器进行相关接收，通过相关通道判决进行关联解析，从而获得二维数据及一维数据，其原理如图 6.4 所示。

信号产生流程如图 6.5 所示，流程描述如下。

步骤一：初始化，输入一维数据和二维数据。

步骤二：进行用户参数设置，设置一维数据速率 R_1、二维数据速率 R_2，并根据需求设置模式控制系数组 G 及增设系数 e。

步骤三：利用 G 进行模式判决，如果 $G = 0$ 条件满足，则执行步骤四，如果不满足，则执行步骤六。

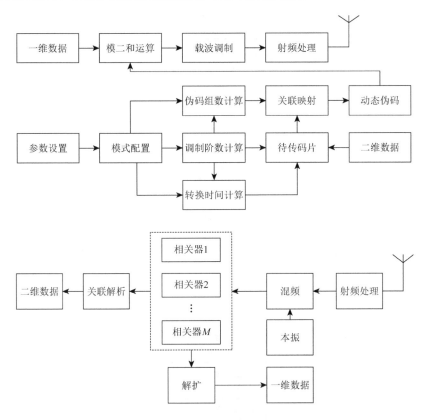

图 6.4　基于 MS-DSSS 的复合维度信息传输原理框图

步骤四：利用式（6.3）进行调制阶数 k 的计算。

步骤五：利用式（6.4）进行伪码组数 M 的计算，并转入步骤八。

步骤六：利用式（6.5）进行调制阶数 k 的计算。

步骤七：利用式（6.6）进行伪码组数 M 的计算。

步骤八：进行转换时间 T 的计算。

步骤九：利用式（6.8）进行终值更新次数 P 的计算。

步骤十：利用调制阶数 k、伪码组数 M、转换时间 T、终值更新次数 P，进行传输伪码集合 ε_j 的编码映射，从而得到动态伪码 $C_{\varepsilon_j}^T(n)$。

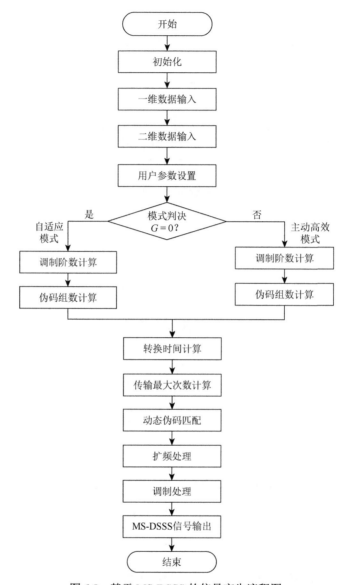

图 6.5 基于 MS-DSSS 的信号产生流程图

步骤十一：利用当前二维数据映射的伪码 $C_{\varepsilon_j}^T(n)$ 对一维数据 $D_1(n)$ 进行扩频处理。

步骤十二：利用数字频率为 ω_0、相位为 θ 的载波对基带信号进行调制，从而得到 MS-DSSS 信号。

步骤十三：MS-DSSS 信号输出。

信号接收处理流程如图 6.6 所示，流程描述如下。

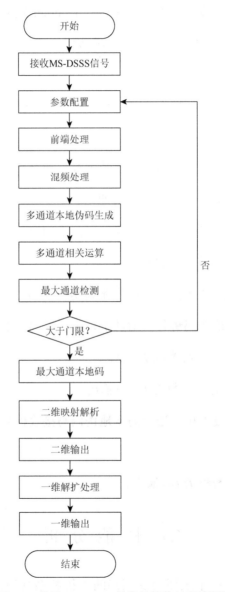

图 6.6　基于 MS-DSSS 的信号接收处理流程图

步骤一：首先，输入接收的 MS-DSSS 信号。

步骤二：进行参数配置。

步骤三：对接收信号进行降频、采样、滤波等前端处理。

步骤四：以中频频率为中心，利用估计 Doppler 频率进行混频处理。

步骤五：利用参数 M 进行本地多通道伪码生成，从而共 M 个通道，每通道记为 $C_{Li}(n)$。

步骤六：利用多通道本地伪码 $C_{Li}(n)$ 与处理后的接收信号进行多通道相关运算。

步骤七：对多通道的相关结果进行最大峰值计算，并利用多通道的最大峰值进行通道检测，从而得到最大峰值的通道。

步骤八：利用最大峰值通道的峰值进行门限判决，如果大于门限则执行步骤九，否则返回步骤二重新配置参数。

步骤九：利用最大相关通道，确定本地伪码通道。

步骤十：利用本地伪码进行映射解析，进行编码映射的逆处理，通过伪码映射确定当前的 k bit 的二维数据 $D_2(n)$。

步骤十一： k bit 的二维数据 $D_2(n)$ 输出。

步骤十二：利用最大相关通道的本地伪码与接收信号进行解扩处理，从而得到一维数据 $D_1(n)$。

步骤十三：一维数据 $D_1(n)$ 输出。

6.4 性能分析

考虑信号传输过程中主要会受到码间干扰和系列噪声两方面的影响，而在非人为干扰条件及非作用伪码干扰条件下，主要的影响来自于系列噪声，为此我们需要在无码间干扰的条件下进行有噪声引起的误码分析。其中，噪声只考虑加性噪声，在接收方是高斯白噪声，经过接收滤波器后变为高斯带限噪声。

假定判决器的输出出现符号错误的概率为 P_b，每通道扩频伪码（设长度为 L）传输 $k = \log_2 M$ bit 信息，符号错误与 k bit 数据的 $M-1$ 个组合之一对应。设判决为某一 k bit 组合的概率为 P_c，平均每 bit 出错的概率（即误比特率）为 P_e，则

$$
\begin{aligned}
P_e &= \frac{1}{k} \sum_{j=0}^{k} j \binom{k}{j} P_c \\
&= 2^{k-1} P_c \\
&= 2^{k-1} \frac{P_b}{M-1} \\
&= \frac{2^{k-1}}{2^k - 1} P_b
\end{aligned}
\tag{6.14}
$$

设某时刻发送的是第 j 条扩频码 C_j，信道噪声为 $g'(t)$，在不考虑同步问题的情况下，加扰与去扰是完全互逆的，则接收方滤波器的输出信号 $S'(t)$ 可近似写为式（6.15）。$S'(t)$ 和各本地信号 $C_i(t)$ 进行相关处理后输出 X_i 记为式（6.16）。

$$
S'(t) = \sqrt{P} C_j(t) + g'(t)
\tag{6.15}
$$

$$
\begin{aligned}
X_i &= \int_0^{kT_c} S'(t) C_i(t) \mathrm{d}t \\
&= \int_0^{kT_c} \left(\sqrt{P} C_j(t) + g'(t) \right) C_i(t) \mathrm{d}t \\
&= \begin{cases} \sqrt{P} L T_C + r_i, & i = j \\ -\sqrt{P} T_C + r_i, & i \neq j \end{cases}
\end{aligned}
\tag{6.16}
$$

式中

$$
r_i = \int_0^{kT_c} g'(t) C_i(t) \mathrm{d}t
\tag{6.17}
$$

不失一般性，不妨设 $j=1$，则判决器输出的错误概率为

$$
\begin{aligned}
P_b &= 1 - P\{X_1 > X_2, X_3, \cdots, X_M\} \\
&= 1 - \prod_{i=2}^{M} P\{X_1 > X_i\} = 1 - P^{M-1}\{X_1 > X_2\}
\end{aligned}
\tag{6.18}
$$

式中，$P\{X_1 > X_2\} = P\{\sqrt{P}LT_C + r_1 > -\sqrt{P}T_C + r_2\} = P\{(L+1)\sqrt{P}T_C + r_1 - r_2 > 0\}$。

在此，设置：

$$
x = (L+1)\sqrt{P}T_C + r_1 - r_2
$$

由 $g(t)$ 是功率谱密度为 N_0 的高斯白噪声和式（6.17）可知，x 也为服从高斯分布的随机变量，其均值 α 和方差 σ^2 分别为

$$
\begin{aligned}
\alpha &= E(x) \\
&= E\left((L+1)\sqrt{P}T_C + r_1 - r_2\right) \\
&= (L+1)\sqrt{P}T_C + 0 - 0 = (L+1)\sqrt{P}T_C
\end{aligned}
\tag{6.19}
$$

$$
\begin{aligned}
\sigma^2 &= E(x^2) - E^2(x) \\
&= (L+1)^2 P T_C^2 + N_0(L+1)T_C - ((L+1)\sqrt{P}T_C)^2 \\
&= N_0(L+1)T_C
\end{aligned}
\tag{6.20}
$$

因此

$$
\begin{aligned}
P\{X_1 > X_2\} &= \int_0^\infty \frac{1}{\sqrt{2\pi}\sigma} \exp\left(-\frac{(x-\alpha)^2}{2\sigma^2}\right) dx \\
&= Q\left(-\frac{\alpha}{\sigma}\right) = 1 - Q\left(\frac{\alpha}{\sigma}\right)
\end{aligned}
\tag{6.21}
$$

由式（6.18）～式（6.21）可得

$$P_b = 1 - \left(1 - Q\left(\sqrt{\frac{(L+1)PT_C}{N_0}}\right)\right)^{M-1} \tag{6.22}$$

单位比特能量 E_b 可记为

$$E_b = \frac{PLT_C}{k} \tag{6.23}$$

因此，式（6.22）可写为

$$P_b = 1 - \left(1 - Q\left(\sqrt{\frac{(L+1)kE_b}{LN_0}}\right)\right)^{M-1} \tag{6.24}$$

将式（6.24）代入式（6.14）可得复合维度信号的误比特率为

$$P_e = \frac{2^{k-1}}{2^k - 1}\left(1 - \left(1 - Q\left(\sqrt{\frac{(L+1)k}{L}\frac{E_b}{N_0}}\right)\right)^{M-1}\right) \tag{6.25}$$

可见，在扩频伪码长度 L 较大条件下，复合维度信号的误比特率 P_e 与 L 关系不大，而与 k、E_b/N_0 存在直接关系，而且，随着 k 的增大，P_e 呈降低趋势，随着 E_b/N_0 的增大，P_e 也呈降低趋势。

6.5　仿　真　分　析

基于 MS-DSSS 的复合维度信息传输方法仿真与验证是在 MATLAB 环境下进行的。参数设置为：频段范围 840.5～845MHz，传输速率 3.2kbit/s。基于此，在 MATLAB 仿真环境下，本节进行了传输方法的仿真。仿真参数为：调制方式 BPSK，采样频率 327.68MHz，中频频率 81.92MHz，伪随机序列速率 40.96Mbit/s，同族伪随机序列切换频率 3200Hz，一维数据数据率 3.2kbit/s，伪随机序列周期

0.03125ms，二维数据数据率 3.2kbit/s、6.4kbit/s、9.6kbit/s、12.8kbit/s，调制阶

数 1/2/3/4，伪码序列数目 2/4/8/16。

6.5.1 功能测试

基于 MS-DSSS 的复合维度信息传输仿真验证程序的发射方和接收方界面

如图 6.7 和图 6.8 所示。

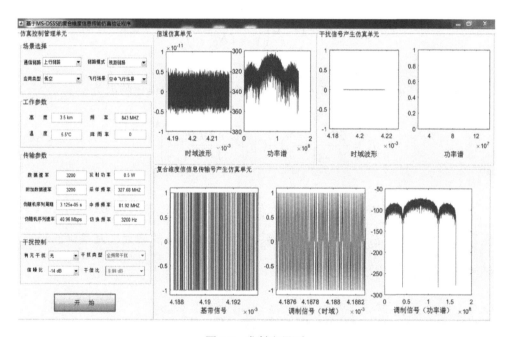

图 6.7 发射方界面

测试结果表明：基于 MS-DSSS 的复合维度信息传输仿真验证程序包含仿真

控制管理单元、基于 MS-DSSS 的复合维度信号产生仿真单元、信道仿真单元、干

扰信号产生仿真单元、基于 MS-DSSS 的复合维度信号接收仿真单元和通信效能分

析单元。

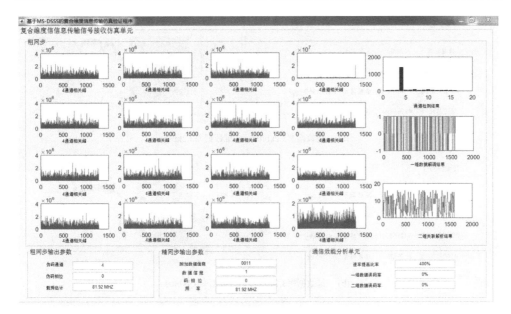

图 6.8　接收方界面

发射方集成了仿真控制管理单元的场景选择、工作参数设置等功能，基于 MS-DSSS 的复合维度信号产生仿真单元的基带信号产生、扩频处理、关联映射及调制等功能，信道仿真单元的赖斯模型参数设置、自由空间损耗、大气损耗和降雨损耗参数设置等功能，以及干扰信号产生仿真单元的干扰相关参数配置和干扰信号产生等功能。接收方集成了基于 MS-DSSS 的复合维度信号接收仿真单元的粗同步处理、精同步处理等功能，以及通信效能分析单元的数据率分析功能。

不同传输数据率条件下的基于 MS-DSSS 的复合维度信号产生仿真单元测试结果如图 6.9 所示。

不同干扰信号类型条件下的干扰信号产生仿真单元测试结果如图 6.10 所示。

测试结果表明：基于 MS-DSSS 的复合维度信息传输仿真验证程序可灵活设置传输数据率参数、灵活配置干扰信号样式和干扰功率等参数。

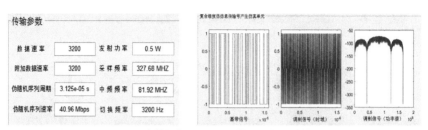

(a) 一维数据率3.2kbit/s，二维数据率3.2kbit/s

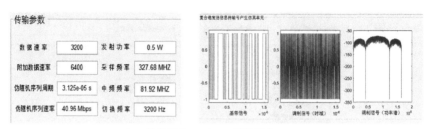

(b) 一维数据率3.2kbit/s, 二维数据率6.4kbit/s

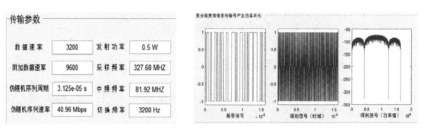

(c) 一维数据率3.2kbit/s, 二维数据率9.6kbit/s

图 6.9　不同传输数据率参数条件下基于 MS-DSSS 的复合维度信号产生测试结果

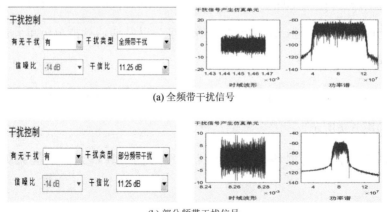

(a) 全频带干扰信号

(b) 部分频带干扰信号

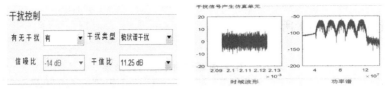

(c) 梳状谱干扰信号

图 6.10 不同干扰信号类型条件下干扰信号产生测试结果

根据测试结果可以得出以下结论：本章方法实现了具有信息隐蔽通信功能的基于 MS-DSSS 的复合维度信息传输仿真验证程序，并且实现了基于 MS-DSSS 的复合维度信息传输方法。

6.5.2 通信体制测试

为验证基于 MS-DSSS 的复合维度信息传输方法支持 DSSS 扩频通信体制，我们通过对比 DSSS 信号和基于 MS-DSSS 的复合维度信号特性及接收处理过程进行测试。

1. 测试条件

DSSS 扩频通信参数设置：采样频率 327.68MHz，中频频率 81.92MHz，伪随机序列速率 40.96Mbit/s，数据率 3.2kbit/s，伪随机序列周期 3.125×10^{-5}s。

基于 MS-DSSS 的复合维度通信参数设置：采样频率 327.68MHz，中频频率 81.92MHz，伪随机序列速率 40.96Mbit/s，一维数据率 3.2kbit/s，伪随机序列周期 3.125×10^{-5}s，二维数据率 3.2kbit/s、12.8kbit/s，调制阶数 1/4，伪码序列数目 2/16。

2. 信号特征测试

DSSS 信号与调制阶数为 1 和 4 的基于 MS-DSSS 的复合维度信号时域和功

率谱对比结果如表 6.1 所示。

表 6.1 信号时域和功率谱对比结果

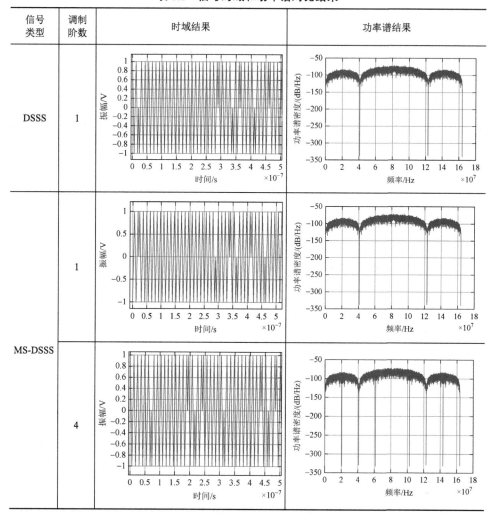

信号类型	调制阶数	时域结果	功率谱结果
DSSS	1		
MS-DSSS	1		
	4		

测试结果表明：在设定的参数条件下，基于 MS-DSSS 的复合维度信号与 DSSS 信号时域特征相同，扩频序列后的基带数据均由待传输数据与伪随机序列模二和得到；二者频域特征相同，信号能量分布在以中频频率 81.92MHz 为中心的 81.92MHz 带宽范围内，信号带宽均为伪随机序列速率的 2 倍。基于 MS-DSSS

的复合维度信号具备 DSSS 信号的时域和功率谱特征。

3. 接收处理过程测试

DSSS 信号与调制阶数为 1 和 4 的基于 MS-DSSS 的复合维度信号接收过程粗同步对比结果如表 6.2 所示。

表 6.2　接收过程粗同步对比结果

信号类型	调制阶数	粗同步结果	
DSSS	1		
MS-DSSS	1	(a) 通道检测结果	(b) 成功通道相关结果
	4	(a) 通道检测结果	(b) 成功通道相关结果

测试结果表明：在设定的参数条件下，基于 MS-DSSS 的复合维度信号接收处理过程包含与 DSSS 信号相同的粗同步处理，得到的相关峰值明显，伪码相位估计误差为 0bit，达到了粗同步要求。

DSSS 信号与调制阶数为 1 和 4 的基于 MS-DSSS 的复合维度信号接收过程精同步对比结果表 6.3 所示。

表 6.3　接收过程精同步对比结果

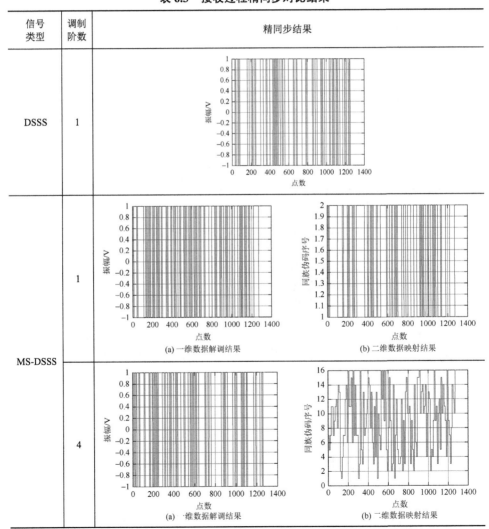

测试结果表明：在设定的参数条件下，基于 MS-DSSS 的复合维度信号接收处理过程包含与 DSSS 信号相同的精同步处理，可以解调得到一维数据，达到了精同步要求，通过映射解析可得到二维数据。

根据测试结果可以得出以下结论：基于 MS-DSSS 的复合维度信息传输方法支持 DSSS 扩频通信体制，仿真信号具备 DSSS 信号的时域和功率谱特征，接收过程与 DSSS 信号的精同步和粗同步处理过程一致。

6.5.3　信号产生测试

基于 MS-DSSS 的复合维度信号仿真结果如图 6.11～图 6.14 所示。可见，基于 MS-DSSS 的复合维度信号时域波形由一维数据与二维数据关联映射的伪随机序列模二和得到，中心频率为 81.92MHz，带宽 81.92MHz 为伪随机序列速率的 2 倍，符合 BPSK 调制要求。

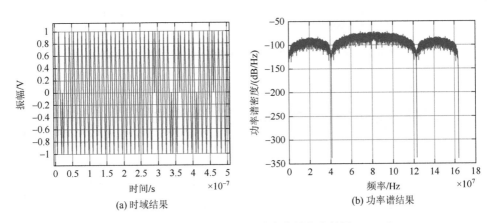

(a) 时域结果　　　　　　　　　　(b) 功率谱结果

图 6.11　基于 MS-DSSS 的复合维度信号仿真结果（$k=1$）

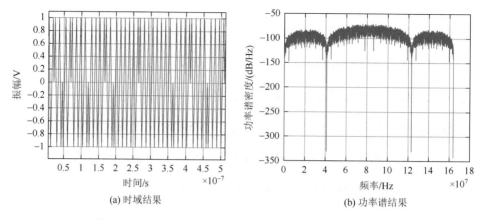

(a) 时域结果

(b) 功率谱结果

图 6.12　基于 MS-DSSS 的复合维度信号仿真结果（$k = 2$）

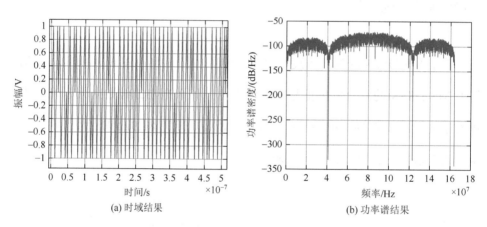

(a) 时域结果

(b) 功率谱结果

图 6.13　基于 MS-DSSS 的复合维度信号仿真结果（$k = 3$）

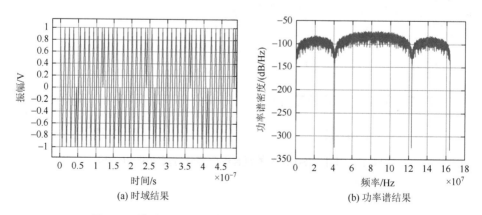

(a) 时域结果

(b) 功率谱结果

图 6.14　基于 MS-DSSS 的复合维度信号仿真结果（$k = 4$）

6.5.4　信道处理测试

基于 MS-DSSS 的复合维度信号经信道仿真结果如图 6.15 所示。可见信号中增加了赖斯信道模型处理成分和高斯白噪声成分，信号时域波形受噪声影响有所变化，信号功率谱结果中增加了噪声成分，信号在 81.92MHz 处出现信号功率峰值，信号带宽为 81.92MHz。

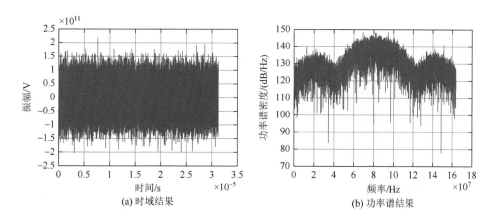

(a) 时域结果　　　　　　　　　　(b) 功率谱结果

图 6.15　基于 MS-DSSS 的复合维度信号经信道仿真结果

6.5.5　信号接收测试

接收机对经信道仿真单元处理后的信号进行粗同步处理和精同步处理，其中，基于不同调制阶数条件下接收机粗同步结果如图 6.16～图 6.19 所示。

仿真结果表明：通过多通道相关运算及最大通道检测处理，可以检测到成功通道，而且成功通道的相关结果峰值较明显，伪码相位估计误差都为 0bit，能够达到粗同步要求。

接收机精同步结果如图 6.20～图 6.23 所示。仿真结果表明：通过成功通道的解扩、解调可以输出一维数据，通过映射解析，进一步输出二维数据，误码

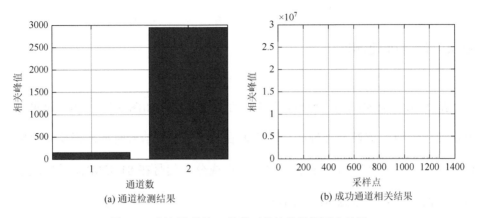

(a) 通道检测结果　　　　　　　　　　(b) 成功通道相关结果

图 6.16　调制阶数为 1 条件下的接收机粗同步结果

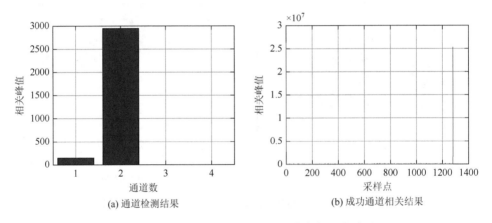

(a) 通道检测结果　　　　　　　　　　(b) 成功通道相关结果

图 6.17　调制阶数为 2 条件下的接收机粗同步结果

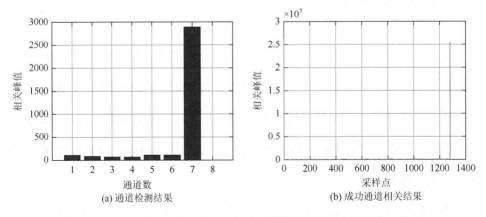

(a) 通道检测结果　　　　　　　　　　(b) 成功通道相关结果

图 6.18　调制阶数为 3 条件下的接收机粗同步结果

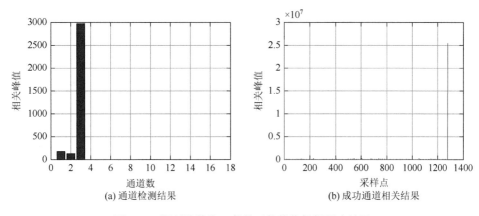

(a) 通道检测结果

(b) 成功通道相关结果

图 6.19　调制阶数为 4 条件下的接收机粗同步结果

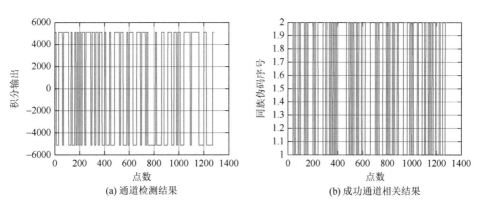

(a) 通道检测结果

(b) 成功通道相关结果

图 6.20　接收机精同步结果（一）

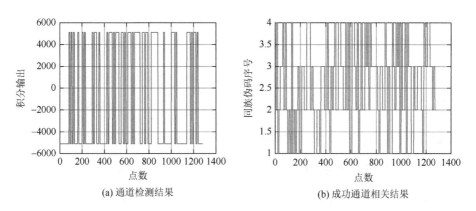

(a) 通道检测结果

(b) 成功通道相关结果

图 6.21　接收机精同步结果（二）

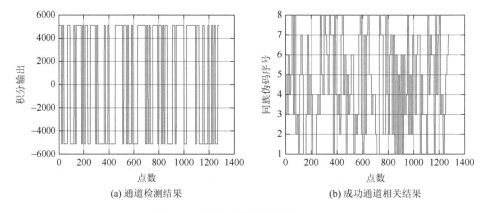

(a) 通道检测结果   (b) 成功通道相关结果

图 6.22   接收机精同步结果（三）

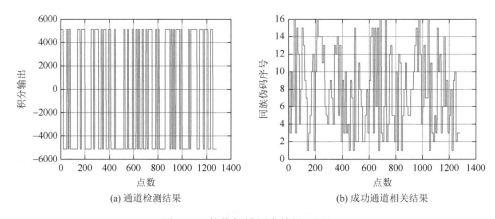

(a) 通道检测结果   (b) 成功通道相关结果

图 6.23   接收机精同步结果（四）

率均为 0。当调制阶数分别为 1、2、3、4 时，R_b 提高比率分别为 100%、200%、300%、400%。

图 6.24 为在 AWGN 信道和相同仿真参数条件下，MS-DSSS 与 DSSS 抗噪声性能比较结果。其中，调制阶数为 1。可见，基于 MS-DSSS 体制的传输一维数据误码率与 DSSS 相同，而复合后总误码率比 DSSS 传输误码率低。在相同误码率条件下，MS-DSSS 的 E_b / N_0 比 DSSS 的 E_b / N_0 能够节省约 3dB。

从仿真结果可以看出，MS-DSSS 的误码性能比 DSSS 更加优越，且随调制阶数的增加，优势更加明显。

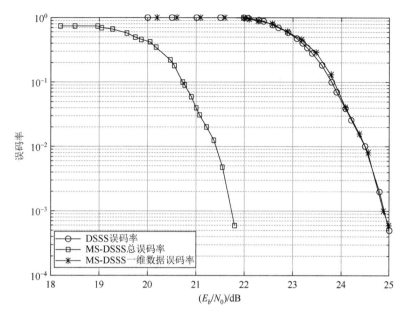

图 6.24　MS-DSSS 与 DSSS 抗噪声性能比较

对基于 MS-DSSS 的复合维度信息传输方法的信号产生、传输和接收过程的仿真，表明了本章方法的正确性和有效性，在同族伪随机序列切换频率≥100Hz、总功率不变的条件下，R_b 提高不低于 50%。

第7章 二维信息矩阵关联认证方法

7.1 工 作 机 理

复合维度通信技术以传统扩频通信技术为基础，既兼顾传统差分跳频、直接序列扩频的优良特性，也融入了如扩展通信容量、提高保密性等新的技术优势，该技术可广泛应用于通信领域。进一步，随着电子对抗领域新技术的不断涌现，如何有效预防非授权用户接入己方通信系统或使用己方通信资源，以确保信息传输过程的真实性、完整性和保密性，便成为通信技术领域的难题之一，从而认证[77-84]技术的研究成为了关键。为此，以复合维度通信体制为载体，在未改变原通信体制的条件下，提出了一种二维信息矩阵关联认证方法可为保密通信提供新思路、新方法。

就发送方而言，利用分组匹配、标识映射实现对传输数据 D_1 和 D_2 的预处理，构建数据矩阵和身份矩阵；由数据矩阵和身份矩阵通过矩阵运算生成关联矩阵，再对生成的关联矩阵进行处理得到编码矩阵；最后通过 FH-DFH 复合维度信息传输技术、MS-DSSS 复合维度信息传输技术实现对关联矩阵中数据调制，生成发射信号。就接收方而言，通过对信号的有效接收，得到关联矩阵数据，并进一步通过标识映射规则恢复数据 D_2；对关联矩阵数据进行码修正，确保数据的正确性；利用构建的身份矩阵和关联矩阵完成对数据矩阵解析，通过组合并获得传输数据 D_1。在第三方不能获取身份矩阵的条件下，将无法完成对关联矩阵数据的解析，进而实现了对传输数据的通信认证。二维信息矩阵关联认证方法工作机理如图 7.1 所示。

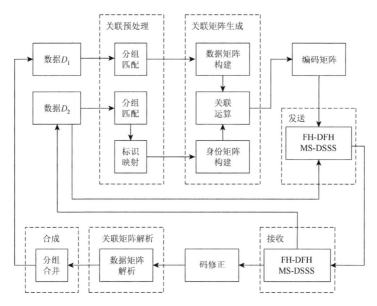

图 7.1　二维信息矩阵关联认证方法工作机理

由图 7.1 可知，在二维信息矩阵关联认证方法实现过程中，如何构建二维数据间的关联和解析函数，实现对多用户的认证，是该方法的关键技术。为了突破该关键技术，本节提出了基于复合维度信息的信源合法性检测技术，其工作机理如图 7.2 所示。

由图 7.2 可知，分组匹配单元实现对待传输一维数据 D_1 的分组，分组后生成数据矩阵 D，每行数据对应 $1 \times k$ 的向量；标识映射单元实现将待传输二维数据 D_2 分组，生成 $k \times k$ 的身份矩阵 I；由数据矩阵 D 和身份矩阵 I 通过矩阵运算构建关联矩阵 C；进一步，对关联矩阵 C 进行处理得到编码矩阵，生成 $k \times n$ 的编码矩阵，满足系统可靠性的同时可为后续数据关联矩阵的解析提供帮助。发送方通过构造数据矩阵 D、身份矩阵 I 和关联矩阵 C，一方面实现了二维数据的有效关联，另一方面实现了对一维数据的加密和身份映射。接收方通过身份矩阵 I 可实现对一维数据的解密和认证，即如果第三方无法获取身份矩阵 I 则不能为解析矩阵 D 单元提供支持，致使一维数据 D_1 不能恢复，进而实现了

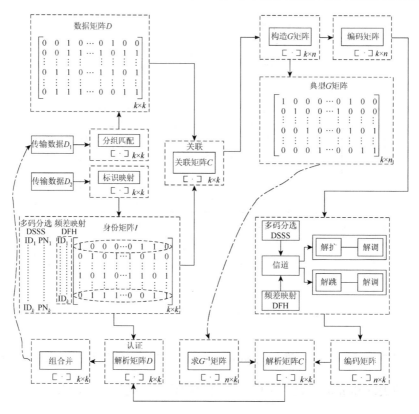

图 7.2　基于复合维度信息的信源合法性检测技术工作机理

解析矩阵 D 表示对数据矩阵 D 进行解析；解析矩阵 C 表示对关联矩阵 C 进行解析

信源合法性检测；检错/纠错单元是后续解析矩阵 C 单元的保障，可修正数据传输过程中产生的误码；解析矩阵 D 可借助身份矩阵 I 来解除二维数据间的关联，其输出为 $k \times k$ 的矩阵；组合并单元实现对 $k \times k$ 的数据的合并，保证了传输数据 D_1 的完整性。

　　基于复合维度信息的信源合法性检测技术研究，核心在于构建数据关联矩阵 C、身份矩阵 I、编码矩阵、解析矩阵 C 和解析矩阵 D 等。因此，针对基于复合维度信息的信源合法性检测技术的实现，难点是二维数据的关联函数构建与解析。

7.2 关联函数构建与解析

1. 基于 FH-DFH 通信体制的关联与解析函数构建

设传输数据 $D_1=[d_1,d_2,\cdots,d_m]$，$m \geqslant k$ 且 $m=k \times k$，k 为 2^L，$L \geqslant 1$，当 $m \neq k \times k$ 时可进行补零，则分组匹配后 k 阶数据矩阵 D 中每一行数据依次可表示为 $D_1^1=[d_1,d_2,\cdots,d_k]$，$D_1^2=[d_{k+1},\cdots,d_{2k}]$，$D_1^k=[d_{2k+1},\cdots,d_{k \times k}]$；设传输数据 $D_2=[u_1,u_2,\cdots,u_v]$，$v \geqslant k'$ 且 $v=k' \times k'$，k' 为 2^L，$L \geqslant 1$，当 $v \neq k' \times k'$ 时可进行补零，则对 D_2 标识映射后的最小矩阵为 k' 阶矩阵，由此进一步生成身份矩阵 I，I 中每一行数据依次可表示为 $D_2^1=[u_1,u_2,\cdots,u_k]$，$D_2^2=[u_{k+1},\cdots,u_{2k}]$，$D_2^k=[u_{2k+1},\cdots,u_{k \times k}]$，调制方式采用 MFSK 且 $M=2^k$；设与 k 阶身份矩阵 I 的行存在映射关系的用户 ID 依次为 $\mathrm{ID}_1,\mathrm{ID}_2,\cdots,\mathrm{ID}_k$。进一步，结合图 7.1 可知，通过数据矩阵 D 和身份矩阵 I，本节构建了传输数据 D_1、传输数据 D_2 和用户 ID 三者间的关联和映射关系。选取 D_1^3 作为待传输数据，假设数据 D_2^2 映射的用户标识为 ID_3，则在 FH-DFH 通信体制中实际传输的数据为 $(D_1^3+D_2^2)G_{k \times n}$，调制方式为 MFSK，关联函数采用矩阵求和，则数据关联矩阵 C 中对应的数据可表示为 $D_1^3+D_2^2$，因此 FH-DFH 通信体制对应的发射信号可表示为

$$S_{\mathrm{FH\text{-}DFH}}(t)=A\cos\Big(\big(2\pi f_G(D_1^3+D_2^2)G_{k \times n}+M\Delta f\big)t+\varphi\Big) \qquad (7.1)$$

关联与解析函数构建的根本目的是通过将二维数据进行深度耦合，实现对传输数据的加解密、认证和反接入。基于 FH-DFH 通信体制的关联与解析函数构建，其理论思想源于式（7.1）。由图 7.1 和式（7.1）可知，构建的关联与解析函数分别如式（7.2）和式（7.3）所示：

$$f(\cdot) = (D_1^3 + D_2^2)G_{k \times n} \tag{7.2}$$

$$f^{-1}(\cdot) = (D_1^3 + D_2^2)G^{-1}{}_{k \times n} - D_2^2 \tag{7.3}$$

2. 基于 MS-DSSS 通信体制的关联与解析函数构建

设传输数据 $D_1 = [d_1, d_2, \cdots, d_m]$，$m \geq k$ 且 $m = k \times k$，k 为 2^L，$L \geq 1$，当 $m \neq k \times k$ 时可进行补零，则分组匹配后 k 阶数据矩阵 D 中每一行数据依次可表示为 $D_1^1 = [d_1, d_2, \cdots, d_k]$，$D_1^2 = [d_{k+1}, \cdots, d_{2k}]$，$D_1^k = [d_{2k+1}, \cdots, d_{k \times k}]$；设传输数据 $D_2 = [u_1, u_2, \cdots, u_v]$，$v \geq k'$ 且 $v = k' \times k'$，k' 为 2^L，$L \geq 1$，当 $v \neq k' \times k'$ 时可进行补零，则对 D_2 标识映射后的最小矩阵为 k' 阶矩阵，由此进一步生成身份矩阵 I，I 中每一行数据依次可表示为 $D_2^1 = [u_1, u_2, \cdots, u_k]$，$D_2^2 = [u_{k+1}, \cdots, u_{2k}]$，$D_2^k = [u_{2k+1}, \cdots, u_{k \times k}]$；设与 k 阶身份矩阵 I 的行存在映射关系的用户 ID 依次为 $\mathrm{ID}_1, \mathrm{ID}_2, \cdots, \mathrm{ID}_k$，PN 码序列依次为 $\mathrm{PN}_1, \mathrm{PN}_2, \cdots, \mathrm{PN}_k$，可表示为 $\mathrm{PN}_i = a_n \sum\limits_{n=-\infty}^{+\infty} g(t - nT_s)$，其中，$a_n = \pm 1$，$T_s$ 为 PN 码周期，$g(t)$ 为门函数。

进一步，由图 7.1 可知，通过数据矩阵 D 和身份矩阵 I，本节构建了传输数据 D_1、传输数据 D_2、PN 码序列和用户 ID 四者间的关联和映射关系。选取 D_1^1 作为待传输数据，假设数据 D_2^1 映射的用户标识为 ID_6、扩频伪码为 PN_1，调制方式为 BPSK，载波为 $A\cos(\omega_c t + \varphi)$，关联函数采用矩阵求和，则数据关联矩阵 C 中对应的数据可表示为 $D_1^1 + D_2^1$，因此 MS-DSSS 通信体制对应的发射信号可表示为

$$S_{\mathrm{MS\text{-}DSSS}}(t) = A(D_1^1 + D_2^1)G_{k \times n}\mathrm{PN}_1 \cos(\omega_c t + \varphi) \tag{7.4}$$

基于 MS-DSSS 通信体制的关联与解析函数构建，其理论思想源于式（7.4）。由图 7.1 和式（7.4）可知构建的关联与解析函数分别如式（7.5）和式（7.6）所示：

$$f(\cdot) = (D_1^1 + D_2^1)G_{k \times n} \tag{7.5}$$

$$f^{-1}(\cdot) = (D_1^1 + D_2^1)G^{-1}{}_{k \times n} - D_2^1 \tag{7.6}$$

7.3　LDPC 技术

LDPC 是一种线性分组码，其全称为低密度校验码（low-density parity-check code，LDPC）。在线性分组码中信息位和监督位是由一组线性代数方程联系着，这样一组线性方程可以表示成一个校验矩阵 H。校验矩阵 H 可完全代表 LDPC。H 矩阵的维数是 m，m 代表校验方程的个数即监督位的个数，每一行与一个校验方程对应，n 代表 LDPC 的码长，每一列与一位码字对应，以一个 5×10 的 H 矩阵为例，式（7.7）是与校验矩阵 H 对应的校验方程，码字 $c = (c_1, c_2, c_3, c_4, c_5, c_6, c_7, c_8, c_9, c_{10}) \in C$，满足 $H \cdot c^{\mathrm{T}} = 0$。

$$H = \begin{bmatrix} 1 & 1 & 1 & 1 & 0 & 0 & 0 & 0 & 0 & 0 \\ 1 & 0 & 0 & 0 & 1 & 1 & 1 & 0 & 0 & 0 \\ 0 & 1 & 0 & 0 & 1 & 0 & 0 & 1 & 1 & 0 \\ 0 & 0 & 1 & 0 & 0 & 1 & 0 & 1 & 0 & 1 \\ 0 & 0 & 0 & 1 & 0 & 0 & 1 & 0 & 1 & 1 \end{bmatrix} \begin{matrix} \rightarrow \\ \\ \\ \leftarrow \end{matrix} \begin{cases} c_1 + c_2 + c_3 + c_4 = 0 \\ c_1 + c_5 + c_6 + c_7 = 0 \\ c_2 + c_5 + c_8 + c_9 = 0 \\ c_3 + c_6 + c_8 + c_{10} = 0 \\ c_4 + c_7 + c_9 + c_{10} = 0 \end{cases} \tag{7.7}$$

LDPC 的优点是校验矩阵 H 中含有很少的 1，LDPC 1 的稀疏性使得其编译码变得简单，并且能构造出低复杂度、高性能的 LDPC。

除了用 H 矩阵表示 LDPC，还可以用双向图（Tanner 图）表示。Tanner 图可用 $G = \{V, E\}$ 表示，其中 V 表示节点的集合，$V = V_b \bigcup V_c$，$V_b = (b_1, b_2, \cdots, b_n)$ 为变量节点，对应校验矩阵中的列；$V_c = (c_1, c_2, \cdots, c_m)$，对应校验矩阵中的行。$E$ 是节点 V 之间所有相连的边的集合，即两类节点之间存在边的连接。对于校验矩阵 H 的任意元素 h_{ij}，若 $h_{ij} = 1$，则表示第 i 个校验节点与第 j 个信息节点之间有边的连接，否则表示没有边的连接。从某个节点出发沿边经过若干步又回到此节点称为一个循环，循环对译码性能产生影响，使译码算法无法收敛，导致译码性能降低，所以构造的 H 矩阵应尽量避免环的存在。H 矩阵的 Tanner 图表示如图 7.3 所示。

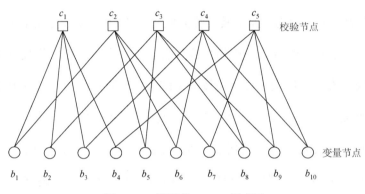

图 7.3　H 矩阵的 Tanner 图表示

校验矩阵 H 不但决定了 LDPC 的码字结构，而且在译码过程中也起着至关重要的作用。不同结构的 LDPC 的性能有很大不同，同时编译码复杂度也有很大区别。校验矩阵 H 要遵循以下三个原则：

（1）校验矩阵 H 中无短环存在，特别是不能存在 4 环；

（2）有较大的最小码重和较大的最小码距；

（3）编码复杂度低。

1. LDPC 编码方法

LDPC 编码的重点是当一组编码的前 k bit 信息位确定后，使用校验矩阵 H 来确定这组编码的后 $n-k$ bit 校验位。编码可通过生成矩阵或检验矩阵进行编码。

这种编码方法需要先通过矩阵变换得到一个生成矩阵，然后利用信息序列与生成矩阵相乘完成编码。具体的编码过程可以描述如下。

高斯消元法将校验矩阵 H 变换成为系统形式的校验 $H = [Q_{m \times (n-k)} \quad I_{m \times m}]$，然后通过 H 得到生成矩阵 $G = [I_{k \times k} \quad Q_{k \times m}]$，从而由 $C = MG$ 直接编码。这样的编码方法是复杂的，主要原因是高斯消元法破坏了原有奇偶校验矩阵的稀疏性。早期的 LDPC 都采用这种编码方式，其编码复杂度为 $O(n^2)$，其中 n 为 LDPC 的码长。这种编码算法无论在运算量还是存储空间上都很不适合硬件实现。

直接编码方法是不通过生成矩阵 G 来进行编码，而是直接通过校验矩阵 H 来进行直接编码，利用校验矩阵 H 来编码主要分为两种算法：部分迭代编码算法和 LU 编码算法。

1）部分迭代编码算法

部分迭代编码算法实际包括预处理和编码两个步骤，它对校验矩阵 H 只进行行置换和列置换，使矩阵右上角出现下三角形式，再对矩阵进行分块，使右上角的下三角矩阵独立出来成为一个子矩阵，并通过该子矩阵的特殊结构进行迭代编码。这样既可以保证预处理之后新形成的校验矩阵仍然是稀疏矩阵，又使得编码能够以迭代的方式进行。预处理的目的之一就是将普通的校验矩阵 H 通过简单的行列交换和矩阵分块化成图 7.4 所示的近似下三角的结构形式。

图 7.4 中，n 表示码长，m 表示校验比特的位数，g 表示该矩阵与一个下三角矩阵的距离。其中，矩阵 T 的尺寸为 $(m-g) \times (m-g)$ 是一个下三角矩阵，即 T 的对角线上的元素为 1，对角线以上的元素都为 0，如果 H 满秩，则矩阵 B 的尺寸为 $(m-g) \times g$，A 的尺寸为 $(m-g) \times (n-m)$，H 中所剩下的 g 行存放于 C、

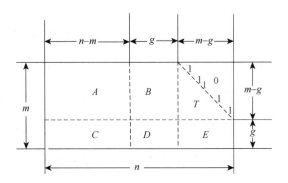

图 7.4 近似下三角的 LDPC 校验矩阵

D 和 E 中，被称为近似表示的空隙。g 越小则编码的复杂度越低。由于上述变换只涉及行置换和列置换，所以变换后的矩阵仍然是稀疏矩阵，将其记为

$$H = \begin{bmatrix} A & B & T \\ C & D & E \end{bmatrix} \tag{7.8}$$

然后对矩阵进行线性变换，左乘一个矩阵进行高斯消元法将子矩阵 E 变为全 0 矩阵，即

$$H' = \begin{bmatrix} I & 0 \\ -ET^{-1} & I \end{bmatrix} \begin{bmatrix} A & B & T \\ C & D & E \end{bmatrix} = \begin{bmatrix} A & B & T \\ -ET^{-1}A + C & -ET^{-1}B + D & 0 \end{bmatrix} \tag{7.9}$$

在此过程中只有 C 和 D 发生了变化，校验矩阵的其他部分保持稀疏，此时将码字向量 $c = [c(1), c(2), \cdots, c(n)]$ 按列分成三部分 $c = [u \quad p_1 \quad p_2]$，其中 $u = [u(1), u(2), \cdots, u(k)]$ 为 k bit 的信息码，$p_1 = [p_1(1), p_1(2), \cdots, p_1(g)]$ 是前 g bit 校验码，而 $p_2 = [p_2(1), p_2(2), \cdots, p_2(m-g)]$ 是剩余的 $(m-g)$bit 校验码，根据 $H'c^{\mathrm{T}} = 0$ 展开可得

$$Au^{\mathrm{T}} + Bp_1^{\mathrm{T}} + Tp_2^{\mathrm{T}} = 0 \tag{7.10}$$

$$(-ET^{-1}A + C)u^{\mathrm{T}} + (-ET^{-1}B + D)p_1^{\mathrm{T}} = 0 \tag{7.11}$$

求出 p_1、p_2，就可完成编码，本节对该部分迭代编码算法进行了详细的分析，该算法中 p_1 的复杂度为 $O(n+g^2)$，p_2 的复杂度为 $O(n)$。当 g 为 0 的时候，部分迭代编码算法可以变成 LU 编码算法。该算法的编码复杂度近似与码长成正比。

2）LU 编码算法

首先将 H 矩阵变成如下形式：

$$H = [H_1 \quad H_2] \tag{7.12}$$

式中，H_1 的尺寸是 $m \times k$；H_2 的尺寸是 $m \times m$。设编码后的码字是 c，它的长度为 n，把它写成如下形式：

$$c = [s \quad p] \tag{7.13}$$

式中，s 为信息码的行向量，长度是 k；p 为检验码的行向量，长度为 m。根据校验等式有

$$Hc^{\mathrm{T}} = 0 \tag{7.14}$$

将式（7.12）和式（7.13）代入式（7.14）可得

$$[H_1 \quad H_2]\begin{bmatrix} s^{\mathrm{T}} \\ p^{\mathrm{T}} \end{bmatrix} = 0 \tag{7.15}$$

进一步，由式（7.15）可得

$$H_2 p^{\mathrm{T}} = H_1 s^{\mathrm{T}} \tag{7.16}$$

如果 H_2 满秩，则有

$$p = H_2^{-1} H_1 s^{\mathrm{T}} \tag{7.17}$$

由式（7.17）可知，得出检验码 p 就可完成编码。对 H 矩阵进行变换，使矩阵具有特殊的结构，对 H_2 进行 LU 分解，使 H_2 变成一个下三角矩阵 L 和上三角矩阵 U，从式（7.16）可以看出只要校验矩阵中的子矩阵 H_2 具有下三角形式，就可以通过前向迭代，根据信息位 s 求出校验位 p。本节通过前向迭代减少了运算量，降低了编码复杂度。

2. LDPC 译码方法

LDPC 译码方法采用软、硬判决译码算法，常见的软判决算法包括概率域 BP（belief propagation）算法、对数域 BP 算法、最小和 BP 算法，以及在最小和其基础上改进的算法。常见的硬判决译码为 BF（bit flipping）及 BF 改进算法，硬判决译码是指解调器供给译码器作为译码用的每个码元只能取 0 或者 1 两个值。软判决是指解调器不进行判决直接输出模拟量，将判决输入量化成 N 个值，通过最大后验概率计算每个值最有可能的原值，这样保留了信道对信号的影响，更有可能译出正确的码。

BF 算法是一种硬判决算法，其首先计算校验矩阵 H 中的所有不满足的校验方程，然后"翻转"接收码字中校验失败超过了一定数目的比特位。对于修正后的码字不断重复这个步骤，直到所有校验方程满足或达到最大的迭代次数为止。校验失败的方程可由伴随式 $s = rH^T$ 中的元素来指出，r 为判决之后接收的码字。而对每个码字比特来说，其校验失败的方程个数包含在一个 n 维的向量 $f = sH$ 中（整数运算）。

1）BP 译码算法

BP 译码算法传递的置信度消息是概率形式。BP 译码算法的主要思想是：首先，根据接收信息和信道信息计算初始概率，把概率赋给变量节点，得到变量节点传向与之相连的校验节点的初始概率；其次，校验节点进行更新计算，得到校验节点传向与之相连的变量节点的概率；然后，变量节点进行更新计算，得到变量节点传向与之相连的校验节点的概率；最后，对变量节点的概率进行判决，从而译出发送数据。

设发送数据为 $x = (x_1, x_2, \cdots, x_n)$，经过信道后接收数据为 $y = (y_1, y_2, \cdots, y_n)$，BP 译码算法工作流程如下。

步骤一：初始化赋值。在接收数据和信道信息的条件下计算发送数据为 0 或为 1 的概率 $p_b(0)$，$p_b(1) = 1 - p_b(0)$，$b = 1, 2, \cdots, n$。然后把概率赋给变量节点 b，设变量节点 b 传给校验节点 a 的初值概率 $q_{ba}(0)$ 和 $q_{ba}(1)$ 为

$$q_{ba}(0) = p_b(0) = p(x_b = 0 \mid y_b) \tag{7.18}$$

$$q_{ba}(1) = p_b(1) = p(x_b = 1 \mid y_b) \tag{7.19}$$

步骤二：校验节点更新。校验节点根据变量节点传过来的概率进行计算，然后把计算的概率返回给变量节点，设 $r_{ab}(0)$、$r_{ab}(1)$ 为校验节点传给变量节点为 0 或为 1 的概率，则 $r_{ab}(0)$ 和 $r_{ab}(1)$ 为

$$r_{ab}(0) = \frac{1}{2} + \frac{1}{2} \prod_{b' \in R_a \setminus b} (1 - 2q_{b'a}(1)) \tag{7.20}$$

$$r_{ab}(1) = \frac{1}{2} - \frac{1}{2} \prod_{b' \in R_a \setminus b} (1 - 2q_{b'a}(1)) \tag{7.21}$$

式中，$R_a \setminus b$ 表示与校验节点 a 相连的变量节点的集合除去变量节点 b。

步骤三：变量节点更新。变量节点根据校验节点传过来的概率对各变量节点进行更新计算，然后把更新概率传给校验节点，设 $q_{ba}(0)$、$q_{ba}(1)$ 为变量节

点传给校验节点为 0 或为 1 的概率，则 $q_{ba}(0)$ 和 $q_{ba}(1)$ 为

$$q_{ba}(0) = k_{ba} p_b(0) \prod_{a' \in C_b \setminus a} r_{a'b}(0) \qquad （7.22）$$

$$q_{ba}(1) = k_{ba} p_b(1) \prod_{a' \in C_b \setminus a} r_{a'b}(1) \qquad （7.23）$$

式中，k_{ba} 表示校正因子；$C_b \setminus a$ 表示与变量节点 b 相连的校验节点的集合除去校验节点 a。

步骤四：译码判决。判决变量节点的概率，设 $q_b(0)$、$q_b(1)$ 为判决变量节点为 0 或为 1 的概率，则 $q_b(0)$ 和 $q_b(1)$ 为

$$q_b(0) = k_b p_b(0) \prod_{a \in C_b} r_{ab}(0) \qquad （7.24）$$

$$q_b(1) = k_b p_b(1) \prod_{a \in C_b} r_{ab}(1) \qquad （7.25）$$

式中，k_b 表示校正因子；C_b 是与变量节点 b 相连的所有校验节点的集合。如果 $q_b(1) > q_b(0)$，则 $\hat{c}_b = 1$，否则 $\hat{c}_b = 0$，$\hat{c} = (\hat{c}_1, \hat{c}_2, \cdots, \hat{c}_n)$，如果满足 $H \cdot \hat{c}^{\mathrm{T}} = 0^{\mathrm{T}}$ 或者达到迭代次数上限则结束译码，否则变量节点与校验节点再次进行传递更新。

2）LLR BP 译码算法

LLR（log-likelihood ratio）BP 译码算法是在 BP 译码算法的基础上发展起来的，该算法通过将 BP 译码算法中的大量乘法运算转化为加法运算，即将待传递的置信度消息用对数似然比表示，以此降低算法复杂度。LLR BP 译码算法的工作流程如下。

步骤一：初始化赋值。变量节点得到经过信道干扰后计算发送数据为 0 与为 1 的概率的对数似然比，设变量节点传给校验节点的对数似然比 $L(p_b)$ 为

$$L(p_b) = \ln \frac{p_b(0)}{p_b(1)} = \ln \frac{p(x_b = 0 \mid y_b)}{p(x_b = 1 \mid y_b)} \tag{7.26}$$

步骤二：校验节点更新。校验节点传递给变量节点的信息同样用对数似然比 $L(r_{ab})$ 表示：

$$L(r_{ab}) = \ln \frac{r_{ab}(0)}{r_{ab}(1)} \tag{7.27}$$

进一步，令 $x = \dfrac{1}{2} L(r_{ab})$，由 $\tan x = (e^x - e^{-x}) / (e^x + e^{-x})$ 可知

$$\tan \left(\frac{1}{2} L(r_{ab}) \right) = \frac{e^{\frac{1}{2} L(r_{ab})} - e^{-\frac{1}{2} L(r_{ab})}}{e^{\frac{1}{2} L(r_{ab})} + e^{-\frac{1}{2} L(r_{ab})}} \tag{7.28}$$

把式（7.27）代入式（7.28）可得

$$\begin{aligned}
\tan \left(\frac{1}{2} L(r_{ab}) \right) &= \frac{e^{\frac{1}{2} L(r_{ab})} - e^{-\frac{1}{2} L(r_{ab})}}{e^{\frac{1}{2} L(r_{ab})} + e^{-\frac{1}{2} L(r_{ab})}} \\
&= r_{ab}(0) - r_{ab}(1) \\
&= 1 - 2 r_{ab}(1)
\end{aligned} \tag{7.29}$$

同理可得

$$\tan \left(\frac{1}{2} L(q_{b'a}) \right) = 1 - 2 q_{b'a}(1) \tag{7.30}$$

将 BP 译码算法中校验节点更新过程中的式（7.20）和式（7.21）做差得

$$r_{ab}(0) - r_{ab}(1) = \prod_{b' \in R_a \backslash b} (1 - 2 q_{b'a}(1)) \tag{7.31}$$

把式（7.29）、式（7.30）代入式（7.31）可得 LLR BP 算法校验节点传递给变量节点的对数似然比 $L(r_{ab})$ 为

$$L(r_{ab}) = 2\text{arctanh} \prod_{b' \in R_a \setminus b} \tanh\left(\frac{1}{2}L(q_{b'a})\right) \tag{7.32}$$

步骤三：变量节点更新。变量节点传递给校验节点的信息同样用对数似然比 $L(q_{ba})$ 表示：

$$L(q_{ba}) = \ln \frac{q_{ba}(0)}{q_{ba}(1)} = L(p_b) + \sum_{a' \in C_b \setminus a} L(r_{a'b}) \tag{7.33}$$

步骤四：译码判决。判决变量节点的对数似然比信息 $L(q_b)$ 为

$$L(q_b) = \ln \frac{q_b(0)}{q_b(1)} = L(p_b) + \sum_{a' \in C_b} L(r_{ab}) \tag{7.34}$$

如果 $L(q_b) > 0$，那么 $\hat{c}_b = 0$，否则 $\hat{c}_b = 1$，判决后的码 $\hat{c} = (\hat{c}_1, \hat{c}_2, \cdots, \hat{c}_n)$，如果满足 $H \cdot \hat{c}^{\mathrm{T}} = 0^{\mathrm{T}}$ 或达到迭代次数上限则结束译码，否则再次进行迭代。

3）MS 译码算法

MS（minimum sum）译码算法是在 LLR BP 译码算法的基础上发展起来的，该算法将 LLR BP 译码算法的校验节点更新过程中的 tanh 和 arctanh 函数用近似值代替，从而降低了校验节点更新的运算量。MS 译码算法与 LLR BP 译码算法的工作流程大体相同，不同之处在于校验节点更新过程。MS 译码算法校验节点更新过程如下。

因为 $\tanh(x)$ 和 $\text{arctanh}(x)$ 属于奇函数，具有以下性质：

$$\tanh(x) = \text{sgn}(x)\tanh(|x|) \tag{7.35}$$

$$\text{arctanh}(x) = \text{sgn}(x)\text{arctanh}(|x|) \tag{7.36}$$

把式（7.35）、式（7.36）代入式（7.32）可得

$$L(r_{ab}) = 2\text{arctanh} \prod_{b' \in R_a \backslash b} \tanh\left(\frac{1}{2}L(q_{b'a})\right)$$

$$= 2 \prod_{b' \in R_a \backslash b} \text{sgn}(L(q_{b'a})) \, \text{arctanh}\left(\prod_{b' \in R_a \backslash b} \tanh\left(\frac{1}{2}|L(q_{b'a})|\right)\right) \quad (7.37)$$

考虑到 $\tanh(|x|)$ 在 0～1 范围呈单调递增特性，因此有

$$\prod_{b' \in R_a \backslash b} \tanh\left(\frac{1}{2}|L(q_{b'a})|\right) \approx \min_{b' \in R_a \backslash b} \tanh\left(\frac{1}{2}|L(q_{b'a})|\right)$$

$$= \tanh\left(\frac{1}{2}\min_{b' \in R_a \backslash b}|L(q_{b'a})|\right) \quad (7.38)$$

把式（7.38）代入式（7.37）可知，MS 译码算法校验节点更新公式为

$$L(r_{ab}) = \prod_{b' \in R_a \backslash b} \text{sgn}(L(q_{b'a})) \min(|L(q_{b'a})|) \quad (7.39)$$

4）NMS 译码算法

NMS（normalized minimum sum）译码算法是在 MS 译码算法的基础上发展起来的，该算法通过乘以 α $(0 < \alpha < 1)$ 因子对 MS 译码算法校验节点消息幅值过大进行弥补。由于 MS 译码算法把 tanh 和 arctanh 函数用近似值进行代替，高估了校验节点传递信息的幅值。如果采取措施降低 MS 译码算法校验节点传递消息幅值，则可以提高 MS 译码算法的置信度消息。NMS 译码算法与 MS 译码算法的工作流程大体相同，不同之处在于校验节点更新过程。NMS 译码算法校验节点消息更新公式为

$$L(r_{ab}) = \alpha \prod_{b' \in R_a \backslash b} \text{sgn}(L(q_{b'a})) \min(|L(q_{b'a})|) \quad (7.40)$$

式中，α 为校正因子，NMS 译码算法通过 α 因子来弥补 MS 译码算法的缺陷，

迭代次数、信噪比、码率都影响 α 的最佳取值，但是变量的取值增加了算法实现难度。为了减少算法的实现难度，通常把 α 定为一个常数。

7.4　LDPC 译码性能仿真分析

为提高认证方法成功率，针对 MS-DSSS 和 FH-DFH 两种通信体制需选择不同的 LDPC 译码算法。因此，在对准循环 LDPC 译码算法分析之后，本节以 IEEE802.16e 标准构造的准循环 LDPC 为对象，完成不同译码算法仿真。

1. 码率参数选取对译码性能的影响

仿真采用 IEEE802.16e 标准中码长为 576，码率为 1/2、2/3、3/4 的准循环 LDPC，在 AWGN 信道下采用 BP 译码算法，仿真不同码率下的性能如图 7.5 所示。

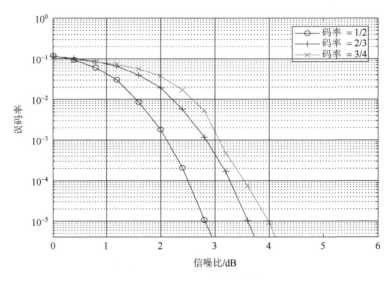

图 7.5　不同码率性能曲线

从图 7.5 可以看出随着码率的上升，LDPC 的误码率增大，并且所有曲线均随着信噪比的增大而下降。若码率为 1/2，信噪比为 2.9dB 时没有误码率；若码率为 2/3，信噪比为 3.6dB 时没有误码率；若码率为 3/4，信噪比为 4.1dB 时没有误码率，所以码率为 1/2 时，误码率最低，性能最好。

2. 码长参数选取对编译码性能的影响

采用 IEEE802.16e 标准中码率为 1/2，码长分别为 576、1248 和 2016 的准循环 LDPC，在 AWGN 信道下采用 BP 译码算法，仿真不同码长下的性能如图 7.6 所示。

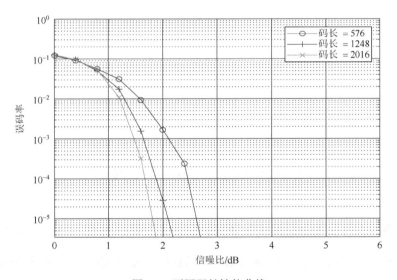

图 7.6 不同码长性能曲线

从图 7.6 可以看出随着码长的增加，LDPC 的误码率减少，无论码长为多少，且所有曲线均随着信噪比的增大而下降，在相同信噪比下，码长越长，误码率越低。在信噪比为 2dB 的情况下，码长为 2016 时没有误码率；码长为 1248 时的误码率为 2.8×10^{-5}；码长为 576 时的误码率为 1.6×10^{-3}。

3. 仿真软判决译码算法和硬判决译码算法性能

令码率为 1/2，码长为 576，信道环境为 AWGN 信道，仿真未编码，硬判决算法中的 BF 译码算法、WBF（weighted bit flip）译码算法和软判决算法中 BP 译码算法的性能如图 7.7 所示。

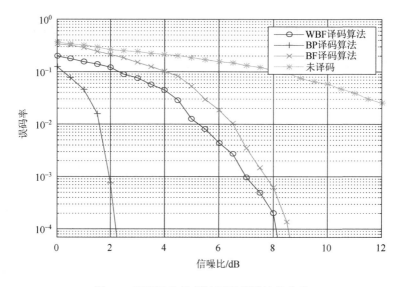

图 7.7　硬判决和软判决译码算法性能曲线

从图 7.7 得出无论采用何种译码算法，经过译码的信号的误码率性能均比未经译码的信号好很多；硬判决 BF 译码算法对受信道噪声影响后的码字译码效果很差，误码率最高；WBF 译码算法对 BF 译码算法进行改进，性能比 BF 译码算法好；BP 译码算法是软判决译码算法，误码率比 BF 译码算法和 WBF 译码算法好很多；虽然硬判决译码算法复杂度低，但性能太差，所以译码算法采用软判决译码算法。

4. BP 译码算法、LLR BP 译码算法、MS 译码算法、NMS 译码算法的性能对比

为比较 BP 译码算法、LLR BP 译码算法、MS 译码算法和 NMS 译码算法的抗噪声性能，在 IEEE802.16e 标准下，令码率为 1/2，码长为 576，采用 AWGN 信道，最大迭代次数为 30 次，对四种译码算法的误码率性能进行仿真对比分析，如图 7.8 所示。

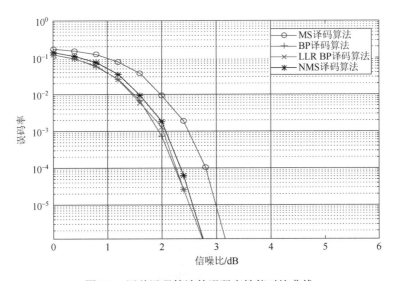

图 7.8　四种译码算法的误码率性能对比曲线

从图 7.8 得出 BP 译码算法的性能最优，但是需要大量的乘积运算，不易于硬件实现；LLRBP 译码算法把 BP 译码算法中的大量乘法运算转化为加法运算，相比于 BP 译码算法运算量降低，且误码率曲线和 BP 译码算法几乎重合；MS 译码算法用函数近似了 LLRBP 译码算法中的双曲正切函数，减少了很多运算量，同时可以看出译码性能比 BP 和 LLRBP 译码算法差很多；NMS 译码算

法能在很大程度上改进 MS 译码算法的性能，性能接近 BP 译码算法，计算复杂度基本与 MS 译码算法一样。

5. 仿真 NMS 译码算法中不同归一化因子下的译码性能

NMS 译码算法具有复杂度低的优点，且译码性能与复杂度高的 BP 译码算法性能接近，译码算法采用 NMS 译码算法，但不同归一化因子影响 NMS 译码算法的性能。为了找出最佳的归一化因子，进行仿真归一化因子为 $\alpha = 0.3$、$\alpha = 0.5$、$\alpha = 0.8$、$\alpha = 0.9$ 下的 NMS 译码算法的性能分析，其结果如图 7.9 所示。

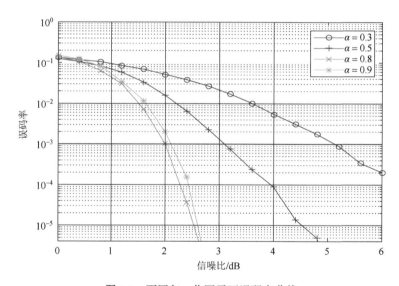

图 7.9　不同归一化因子下误码率曲线

从图 7.9 可以看出，不同归一化因子决定了 NMS 译码算法的译码性能，若选择不当，容易引起更大的误差。归一化因子为 0.3～0.8 时随着归一化因子的增加，误码率降低，但当超过一定的临界值，误码率性能反而变差，归一化因子取 0.9 时比取 0.8 时误码率大，因此，最佳的归一化因子为 0.8。

6. 不同迭代次数下的译码性能

迭代次数对 LDPC 译码器的性能影响译码算法的复杂度，为了比较不同迭代次数对译码性能的影响，在 AWGN 信道下，令码率为 1/2，码长为 576，在 NMS 译码算法下仿真不同迭代次数对性能的影响，如图 7.10 所示。

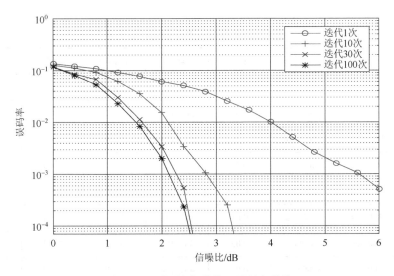

图 7.10　不同迭代次数下误码率曲线

从图 7.10 可以看出，迭代次数越大译码算法的纠错性能越好，但当迭代次数达到一定值时，译码纠错性能改善不明显。当迭代次数为 1 时，译码算法的误码率非常高；当迭代次数为 10 时，误码率性能有明显的改善。在误码率 $1×10^{-3}$ 下，信噪比相差大约 2.7dB，而迭代次数为 30 和迭代次数为 100 时，信噪比仅相差 0.2dB，误码率性能变化缓慢，因此选择合适的迭代次数对于译码器非常重要。

7.5　认证方法仿真结果

1. MS-DSSS 复合维度传输方法认证仿真

基于 MS-DSSS 复合维度传输方法认证仿真的参数设置如表 7.1 所示，仿真结果如图 7.11 所示。

表 7.1　基于 MS-DSSS 复合维度传输方法认证仿真参数设置

序号	一维数据	二维数据	时间/s	码长	数据矩阵	身份矩阵	监督矩阵
1	1600bit/s	1600bit/s	0.05	80、80	9×9	9×9	18×36
2	1600bit/s	3200bit/s	0.05	80、160	9×9	9×9	18×36
3	1600bit/s	4800bit/s	0.05	80、240	9×9	9×9	18×36
4	1600bit/s	6400bit/s	0.05	80、320	9×9	9×9	18×36
5	800bit/s	800bit/s	0.05	40、40	7×7	7×7	18×36
6	800bit/s	1600bit/s	0.05	40、80	7×7	7×7	18×36
7	800bit/s	2400bit/s	0.05	40、120	7×7	7×7	18×36
8	800bit/s	3200bit/s	0.05	40、160	7×7	7×7	18×36
9	1600bit/s	2400bit/s	0.05	80、120	9×9	9×9	18×36

测试结果表明，在 MS-DSSS 系统中，当一维速率是 1.6kbit/s，二维速率也是 1.6kbit/s 时，在高斯白噪声下通过测试当信噪比高于–22dB 左右时能认证成功。

2. FH-DFH 复合维度传输方法认证仿真

基于 FH-DFH 复合维度传输方法认证仿真的参数设置如表 7.2 所示，仿真结果如图 7.12 所示。

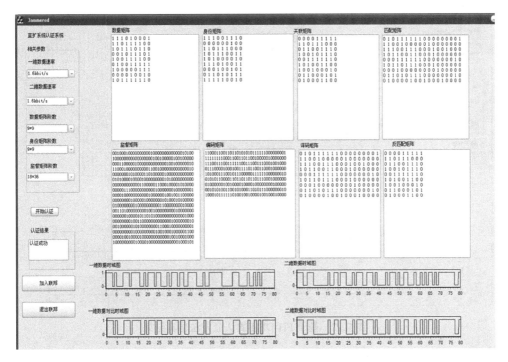

图 7.11　基于 MS-DSSS 的认证方法仿真结果

表 7.2　基于 FH-DFH 复合维度传输方法认证仿真参数设置

序号	一维数据	二维数据	时间/s	码长	数据矩阵	身份矩阵	监督矩阵
1	5kbit/s	5kbit/s	0.01	50、50	8×8	8×8	18×36
2	10kbit/s	10kbit/s	0.01	100、100	10×10	10×10	18×36
3	15kbit/s	15kbit/s	0.01	150、150	13×13	13×13	18×36
4	5kbit/s	10kbit/s	0.01	50、100	8×8	8×8	18×36
5	5kbit/s	15kbit/s	0.01	50、150	8×8	8×8	18×36
6	10kbit/s	5kbit/s	0.01	100、50	10×10	10×10	18×36
7	10kbit/s	15kbit/s	0.01	100、150	10×10	10×10	18×36
8	15kbit/s	5kbit/s	0.01	150、50	13×13	13×13	18×36
9	15kbit/s	10kbit/s	0.01	150、100	13×13	13×13	18×36

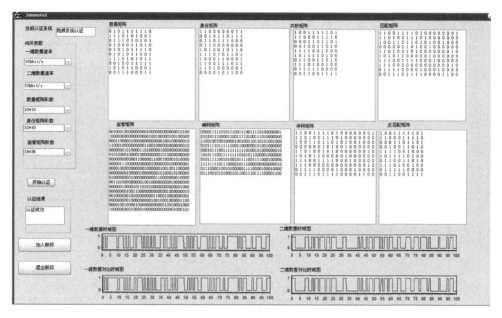

图 7.12　基于 FH-DFH 的认证方法仿真结果

测试结果表明，在 FH-DFH 系统中，在跳频系统中，当一维速率是 10kbit/s，二维速率也是 10kbit/s 时，通过测试当信噪比高于−13dB 左右时能认证成功。

第8章 基于多准则约束的传输重构模型

8.1 重构方案

为适应环境变化以及通信应用需求的灵活性，信息传输的重构[85-90]技术研究也成为必不可少的工作，为此，本章在复合维度信息传输方法及认证技术研究的基础上，建立基于多准则约束的传输重构模型。

8.1.1 基本定义

定义 8.1 任务周期T，为系统完成一次完整任务所需的时间，其中完整任务是指系统当前执行的所有任务，包含感知任务、接收任务、认证任务等。

定义 8.2 重构触发码集Z，共N位。$Z = \{z_1, z_2, \cdots, z_N\}$的具体解析如表 8.1 所示。

表 8.1 重构触发码集解析

位次	解释	应用
z_1	是否触发重构	0 表示不触发重构；1 表示触发重构
z_2	重构类型	0 表示时间触发；1 表示事件触发
z_3	重构级别	0 表示粗粒度重构；1 表示细粒度重构
$z_4\ z_5$	重构优先级	00~11 表示优先级从低到高
$z_6\ z_7$	重构阵列状态	00 表示重构阵列空闲状态；01 表示驱动重构阵列开始配置；10 表示重构阵列已配置完成；11 表示重构阵列重新初始化
z_8	重构加载状态	0 表示不可加载；1 表示可加载
⋮	⋮	⋮

定义 8.3　　重构阵列 Y 和预参数阵列 Y'，都为长度 $3 \times N$ 的实值矩阵，N 为变量，其具体值依据重构级别而定。Y 和 Y' 的第一行向量为控制体制一的相关参数；Y 和 Y' 的第二行向量为控制体制二的相关参数；Y 和 Y' 的第三行向量为控制认证的相关参数。

$$Y' = \begin{bmatrix} y'_{11} & y'_{12} & y'_{13} & \cdots & y'_{1N} \\ y'_{21} & y'_{22} & y'_{23} & \cdots & y'_{2N} \\ y'_{31} & y'_{32} & y'_{33} & \cdots & y'_{3N} \end{bmatrix}$$

$$Y = \begin{bmatrix} y_{11} & y_{12} & y_{13} & \cdots & y_{1N} \\ y_{21} & y_{22} & y_{23} & \cdots & y_{2N} \\ y_{31} & y_{32} & y_{33} & \cdots & y_{3N} \end{bmatrix}$$

式中，y_{11} 和 y'_{11} 为控制体制一的控制位；y_{12} 和 y'_{12} 为调制方式；y_{13} 和 y'_{13} 为发射功率；y_{14} 和 y'_{14} 为频率；y_{15} 和 y'_{15} 为采样频率；y_{16} 和 y'_{16} 为一维传输速率；y_{17} 和 y'_{17} 为二维传输速率；y_{18} 和 y'_{18} 为扩频伪码速率；y_{19} 和 y'_{19} 为调制阶数；y_{110} 和 y'_{110} 为积累时间；y_{111} 和 y'_{111} 为模式控制系数；y_{112} 和 y'_{112} 为增设系数。y_{21} 和 y'_{21} 为控制体制二的控制位；y_{22} 和 y'_{22} 为调制方式；y_{23} 和 y'_{23} 为发射功率；y_{24} 和 y'_{24} 为频率；y_{25} 和 y'_{25} 为采样频率；y_{26} 和 y'_{26} 为一维传输速率；y_{27} 和 y'_{27} 为二维传输速率；y_{28} 和 y'_{28} 为跳速；y_{29} 和 y'_{29} 为调制阶数；y_{210} 和 y'_{210} 为积累时间；y_{211} 和 y'_{211} 为跳频频点数；y_{212} 和 y'_{212} 为扇出系数。y_{31} 和 y'_{31} 为认证的控制位；y_{32} 和 y'_{32} 为体制控制位；y_{33} 和 y'_{33} 为监督矩阵行数；y_{34} 和 y'_{34} 为监督矩阵列数；y_{35} 和 y'_{35} 为数据矩阵阶数；y_{36} 和 y'_{36} 为身份矩阵阶数；$y_{37} \sim y_{312}$ 和 $y'_{37} \sim y'_{312}$ 为待定位。

8.1.2　重构架构

基于多准则约束的传输模式重构功能如图 8.1 所示。

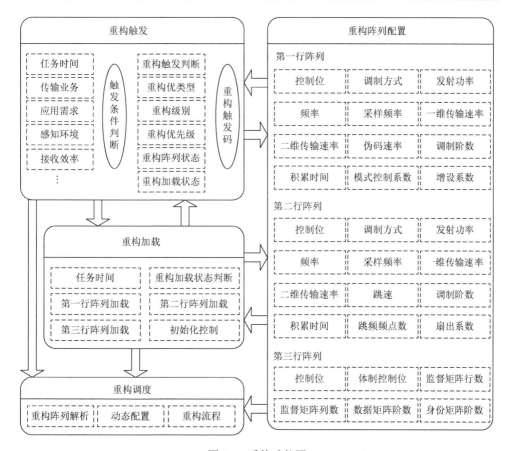

图 8.1　重构功能图

（1）重构触发：在若干个任务周期 T 后，当满足某触发条件时，触发重构机制，配置重构触发码集。

（2）重构阵列配置：在触发重构的条件下，根据触发重构级别设置重构阵列维度，根据重构类型、重构阵列状态等，驱动配置重构阵列。

（3）重构加载：在触发重构的条件下，在下一个任务周期开始时刻，开始将重构阵列加载，加载完成后重新初始化重构触发码集。

（4）重构调度：在触发重构的条件下，在下一个任务周期开始时刻，开始执行重构调度算法。

8.2 重构布局

1. 重构触发准则

准则 8.1   时间触发准则，设 n 是大于等于 1 的整数，在执行 $n-1$ 个任务时间 T 后，当满足具体传输业务及应用需求的触发条件时，触发重构机制，配置重构触发码集 Z。

准则 8.2   事件触发准则，在执行 $n-1$ 个任务时间 T 后，当满足感知环境变化、检测通信接收方数据解析结果的效率降低（接收失败、认证失败）等触发条件时，触发重构机制，并配置重构触发码集 Z。

2. 重构阵列配置准则

准则 8.3   重构阵列配置准则，在触发重构的条件下，即 $z_1=1$ 时，根据重构触发码集 Z 的 $z_6 z_7$ 位，驱动配置重构阵列 Y，当 $z_6 z_7=01$ 时，驱动重构阵列开始配置。重构阵列 Y 为 3 行 N 列的实值矩阵，N 为变量，当 $z_3=0$，即触发重构级别为粗粒度重构时，$N=10$；当 $z_3=1$，即触发重构级别为细粒度重构时，$N=12$。根据 z_2 的状态，利用触发条件进行重构阵列配置，配置完成后将 $z_6 z_7$ 置为 10 状态，表明重构阵列已配置完成。

3. 重构加载准则

准则 8.4   重构加载准则，在触发重构的条件下，即 $z_1=1$，且 $z_6 z_7=10$ 状态时，在第 n 个任务时间 T 开始时刻，将 z_8 置 1，开始将重构阵列加载，并驱动重构调度算法。加载完成后重新初始化重构触发码集 Z，即 Z 的所有位都置 0。

4. 重构调度算法

当重构加载后，重构调度算法被驱动。首先进行重构阵列解析，解析后可以得到数据传输体制及参数，以及认证方法及参数。进而依据解析结果进行动态配置方法及参数。进一步，依据配置结果进行重构执行，开始信号传输。

8.3　重　构　实　施

基于多准则约束的传输模式重构实施关系如图 8.2 所示，重构实施状态如图 8.3 所示。

在此定义任务集合包含：未执行任务集合（unexecuted task set，UTS）、预执行任务集合（pre-execution task set，PTS）、就绪任务集合（ready task set，RTS）、完成任务集合（completion task set，CTS）。

重构实施流程如下。

步骤一：当重构触发条件被触发时，触发任务进入 UTS 队列。当 UTS 队列非空时，依据 UTS 队列中的优先级，选取优先级最高的任务进入 PTS 队列。

步骤二：进行重构触发位更新，当满足触发条件时，重构触发码集 Z 中 z_1 置 1；否则置 0。当 $z_1 = 1$ 时执行步骤三，否则继续执行步骤二。

步骤三：进行重构类型更新，即利用当前任务的触发类型将 z_2 配置成相应的状态。当 $z_2 = 0$ 时为时间触发类型，当 $z_2 = 1$ 时为事件触发类型。

步骤四：进行重构级别更新，利用当前任务的重构级别将 z_3 配置成相应的状态。

步骤五：进行重构优先级更新，将重构触发码集 Z 的 z_4 z_5 设置为相应的优先级。当 z_4 $z_5 = 11$ 时，执行步骤六，否则继续执行步骤五。

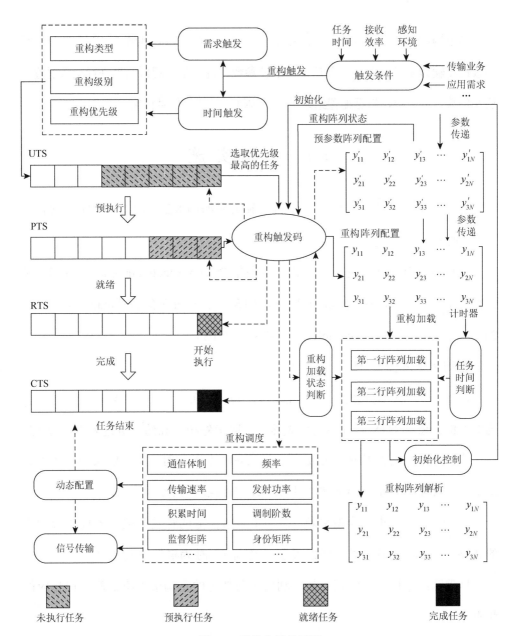

图 8.2 重构实施关系图

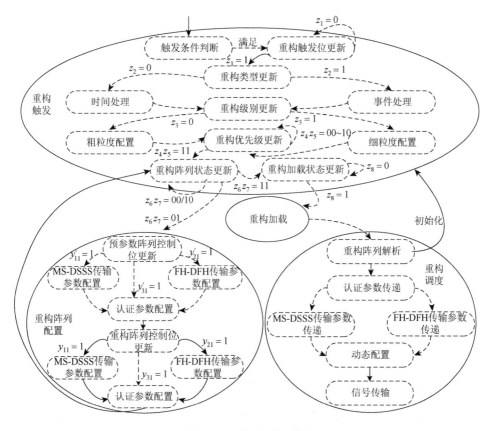

图 8.3 重构实施状态图

步骤六：进行重构阵列状态更新，重构触发码集 Z 的 $z_6\,z_7$ 位，即重构阵列状态位置为 01，即启动重构阵列配置，对矩阵 Y 进行配置。

步骤七：结合具体传输业务及应用需求，配置预参数阵列 Y' 的控制位，如果需要认证则 y'_{31} 置 1，否则置 0；如果传输数据速率高则 y'_{21} 置 1，否则 y'_{11} 置 1。

步骤八：依据 y'_{11}、y'_{21} 和 y'_{31} 的状态，结合具体传输业务及应用需求，进行 $y'_{12} \sim y'_{112}$ 或 $y'_{22} \sim y'_{212}$ 的传输参数配置，以及 $y'_{32} \sim y'_{312}$ 的认证参数配置。

步骤九：结合感知环境变化，以及预参数阵列 Y' 的控制位，配置重构阵列

Y 的控制位，如果需要认证则 y_{31} 置 1，否则置 0；如果传输数据速率高则 y_{21} 置 1，否则 y_{11} 置 1。

步骤十：依据 y_{11}、y_{21} 和 y_{31} 的状态，结合预参数阵列 Y'，进行 $y_{12} \sim y_{112}$ 或 $y_{22} \sim y_{212}$ 的传输参数配置，以及 $y_{32} \sim y_{312}$ 的认证参数配置。

步骤十一：进行重构阵列状态更新，重构触发码集 Z 的 z_6 z_7 位，即重构阵列状态位置为 11，则可以启动重构加载状态。

步骤十二：重构加载状态更新，重构加载重构触发码集 Z 的 z_8 置为 1。

步骤十三：若时间满足第 n 个任务时间 T 的开始时刻，当 $z_8 = 1$ 时，开始重构加载。

步骤十四：启动重构调度，当重构加载时进行重构阵列解析，并进行触发码集初始化。

步骤十五：进行认证参数传递。

步骤十六：进行 MS-DSSS 传输参数传递及 FH-DFH 传输参数传递。

步骤十七：依据传递参数进行动态配置各个传输单元。

步骤十八：启动各个单元进行信号传输。

第9章 基于FPGA的关键模块设计

9.1 总 体 设 计

在前面理论研究基础上，本章开展了基于大规模可编程逻辑门阵列（field programmable gate array，FPGA）[91-101]的 DFH-2FSK 二维信息复合通信关键模块设计与仿真实现，主要包括信号产生部分和信号接收部分。信号产生部分如图 9.1 所示，主要包括时钟管理器（clocking wizard，CW）模块、串并转换单元、G 函数映射单元、同步 FIFO（first in first out）、直接数字频率合成器（direct digital synthesizer，DDS）以及 DA 转换模块等。系统时钟为片上的差分 200MHz 输入时钟信号，时钟管理器将输入的系统时钟转换成各子模块所需要的工作时钟。输入的第一维数据信息 D_1 通过串并转换单元将输入的串行数据转换成并行数据，然后送入 G 函数映射单元。通过 G 函数映射单元后的并行数据被用于选通直接数字频率合成器的组与组之间的选通信号。输入的第二维数据信息

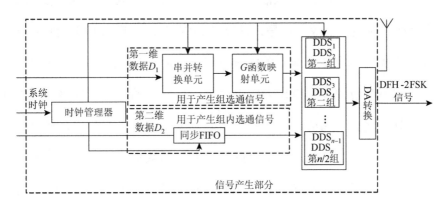

图 9.1 DFH-2FSK 信号产生原理框图

D_2，首先经过同步 FIFO 处理，然后被用于选通直接数字频率合成器的组内选通信号。也就是说，通过第一维数据信息 D_1 和第二维数据信息 D_2 的选择后，直接数字频率合成器被选择出一个固定的输出频率。最后通过 DA 转换模块和射频天线将 DFH-2FSK 信号发射出去。

根据 DFH-2FSK 信号产生模块框图，所设计的 DFH-2FSK 信号产生模块处理步骤可总结如下。

步骤一：输入第一维数据 D_1 和第二维数据 D_2。

步骤二：对第一维数据 D_1 进行串并转换并送入 G 函数映射单元。

步骤三：将步骤二中 G 函数单元的映射结果和第二维数据信息 D_2 送入 DDS 单元，选出需要输出的载波频率。

步骤四：对步骤三得到的载波频率进行 DA 转换得到 DFH-2FSK 信号。

步骤五：程序结束。

信号接收部分如图 9.2 所示，主要包括 CW 模块、AD 转换模块、FIFO 模块、FFT 运算单元、频率序列识别模块、二维 G^{-1} 函数解析模块以及并串转换模块。接收端首先通过射频天线接收到 DFH-2FSK 信号，然后通过 AD 转换模块将接收到的 DFH-2FSK 模拟信号转换成数字信号，AD 转换由高速 AD/DA 子卡来完成。转换后的数字信号经过异步 FIFO 处理，送入 FFT 运算单元，通过 FFT 运算后可以得到各频点的能量值和能量值所对应的序号，经 FFT 输出的能量值和所对应的序号值作为频率序列识别模块的输入。频率序列识别模块主要由频点搜索、阈值判决、频率控制字解析三个部分组成，经过频率序列识别模块的一系列运算最终可以解析出发送的数据信息所对应频率序列的频率控制字。经频率序列识别模块解析出的频率控制字送给二维 G^{-1} 函数解析模块，最终解析出第一维的并行数据信息 D_1' 和第二维数据信息 D_2，然后将

解析出的第一维并行数据信息 D_1' 通过并串转换模块就得到了发送的第一维

数据信息 D_1。

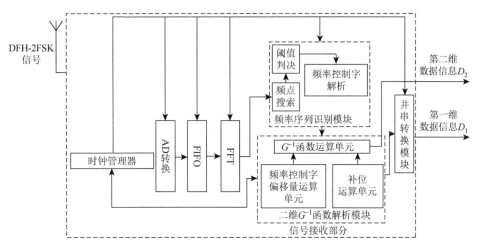

图 9.2 DFH-2FSK 信号接收原理框图

根据 DFH-2FSK 信号接收模块框图,所设计的 DFH-2FSK 信号接收模块处

理步骤可总结如下。

步骤一:首先对接收到的信号进行 AD 转换。

步骤二:对 AD 转换的结果进行 FIFO 处理,并进行 FFT;对 FFT 后的实

部和虚部分别平方,然后将平方后的结果相加。

步骤三:对平方后的结果进行阈值比较,输出每跳信号在能量值最大的

频点序号。

步骤四:对步骤三得到的频点序号进行频率控制字解析。

步骤五:提取频率控制字解析后的结果,然后进行二维 G^{-1} 函数运算。

步骤六:对二维 G^{-1} 函数解析出的第一维并行数据信息进行并串转换。

步骤七:程序结束。

系统参数设计:

表 9.1 给出了基于 DFH-2FSK 二维信息复合通信的设计参数,系统时钟为 100MHz,系统跳速是 5000 跳/s,每跳传输信息 3bit,其中每跳传输第一维数据信息 2bit,每跳传输第二维数据信息 1bit,使用了 32 个频点作为频率集,32 个频点被分成 16 组。工作波段为 2.93~11.52MHz。

表 9.1　DFH-2FSK 二维信息复合通信参数表

系统时钟	每跳传输比特数	工作波段	频率集频点数	跳频速率
100MHz	3bit	2.93~11.52MHz	32	5000 跳/s

由表 9.1 可知,在通信带宽一定的条件下,采用 DFH-2FSK 通信技术比差分跳频通信技术每跳多传输了 1bit,也就是说 DFH-2FSK 通信技术提高了数据传输的信道容量。

9.2　信号产生模块设计

9.2.1　时钟管理器的设计

时钟管理器用来提供 DFH-2FSK 信号产生模块各子模块所需要的时钟,由于本章使用的是 XILINX 公司的 Virtex6 系列 XC6VLX240T 芯片的 ML605 开发板,根据开发板使用手册可知,开发板上的系统时钟频率为 200MHz 差分时钟,因此配置 Clocking Wizard IP 核的输入时钟频率为 200MHz,输入方式为差分输入。Clocking Wizard IP 核的输入配置如图 9.3 所示。

配置完 Clocking Wizard IP 核的输入,可以根据用户的设计要求来选择 Clocking Wizard IP 核的输出时钟频率。配置界面可以选择的输出频率为 7 个,在选择输出频率的个数时,只需要选择对应的复选框即可。选择 6 个输出频率,

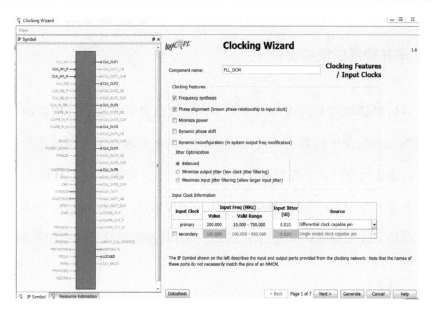

图 9.3　Clocking Wizard IP 核的输入配置图

分别为 100MHz、100MHz、200MHz、80MHz、50MHz 和 5MHz。配置 Clocking

Wizard IP 核的输出如图 9.4 所示。

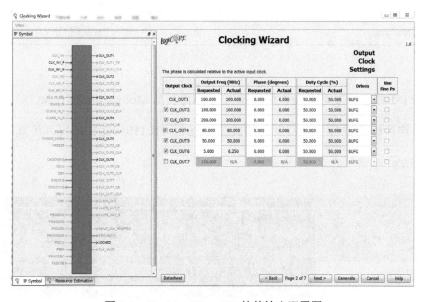

图 9.4　Clocking Wizard IP 核的输出配置图

9.2.2 串并转换模块的设计

串并转换模块将要发送的第一维串行数据信息转换成并行的数据信息。因为每跳传输的第一维数据信息为 2bit，所以串并转换单元每次输出的信号为 2bit。由于所设计的系统跳速为 5000 跳/s，串并转换模块的时钟为 5kHz。本模块设定一个 16bit 的串行数据 1101101000101011，在时钟驱动下每次做 2bit 的循环移位，并且每次让其输出高 2bit，串并转换模块信号接口说明如表 9.2 所示。

表 9.2　串并转换模块信号接口说明

端口名	端口位宽/bit	方向	功能描述
clk_5k	1	输入	工作时钟
rst	1	输入	复位信号，低电平有效
data1	16	输入	输入的 16bit 串行数据 D_1
bing	2	输出	输出的 2bit 并行数据
bing_cmp	1	输出	输出有效指示信号，高电平有效

在 ISE12.2 开发环境下，调用第三方仿真工具 Modelsim-SE10.2c，对所设计的串并转换模块进行仿真，发送的数据信息为 1101101000101011，仿真结果如图 9.5 所示。

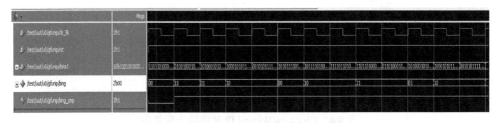

图 9.5　串并转换模块仿真图

由图 9.5 可知，本节所设计的串并转换模块能正确地将发送的串行数据信息 data1，在时钟 clk_5k 上升沿时转换成 2bit 并行数据信息 bing，同时输出有效指示信号 bing_cmp。仿真结果表明，本节所设计的串并转换模块能正常工作，验证了串并转换模块设计的正确性。

9.2.3　*G* 函数模块的设计

G 函数模块是 DFH-2FSK 信号产生的核心模块，它的作用是将要发送的数据信息映射成用于选择直接数字频率合成器输出的频率控制字。本章的 *G* 函数采用的是基于同余理论的 *G* 函数。*G* 函数模块具体设计步骤如下。

步骤一：对串并转换模块的输出信号 bing 进行编码，假设要发送的数据信息序列为 x_n，定义编码后的结果为 S_n，编码方式为 $S_n = 1 - 2x_n$，则编码后的结果如表 9.3 所示。

表 9.3　数据信息编码对照表

x_n	00	01	11	10
$S_n = 1 - 2x_n$	11	1−1	−1−1	−11

步骤二：对编码后的结果 S_n 进行映射，设定 S_n 的高位用 S_2 表示，低位用 S_1 表示，映射后的各分组之间的频率控制字偏移量为 $S = 2S_2 + S_1$，则映射后得到的各分组之间的频率控制字偏移量如表 9.4 所示。

表 9.4　各分组之间的频率控制字偏移量

S_n	$S = 2S_2 + S_1$
11	+3

S_n	$S = 2S_2 + S_1$
1–1	+1
–1–1	–3
–11	–1

步骤三：在步骤二各分组之间频率控制字偏移量的基础上，再加上第二维数据信息 D_2，就得到了用于选择直接数字频率合成器频率输出的频率控制字。当第二维数据信息 D_2 为 0 时选择输出组内频点序号较小的频率输出，当第二维数据信息 D_2 为 1 时，选择输出组内频点序号较大的频率输出。实质上，可以这样来理解所设计的 G 函数模块，第一维数据信息通过 G 函数的映射得到了基于差分跳频体制的频率控制字，第二维数据信息就是加在了第一维数据信息经过映射后的频率控制字的最低位，也就是说，第一维数据信息经过映射后的频率控制字左移，然后把第二维数据信息加在最低位。G 函数模块信号接口说明如表 9.5 所示。

表 9.5　G 函数模块信号接口说明

端口名	端口位宽/bit	方向	功能描述
clk_5k	1	输入	工作时钟
rst	1	输入	复位信号，低电平有效
data2	16	输入	输入的 16bit 串行数据 D_2
bing	2	输入	输入的 2bit 并行数据
bing_cmp	1	输入	输入的使能信号，高电平有效
fn_r	5	输出	输出的频率控制字
r_cmp	1	输出	频率控制字偏移量有效输出信号，高电平有效

在 ISE12.2 开发环境下，调用第三方仿真工具 Modelsim-SE10.2c，对所设

计的 G 函数模块进行仿真，发送的第一维数据信息为 1101101000101011，第二维数据信息为 1101110111011101，仿真结果如图 9.6 所示。

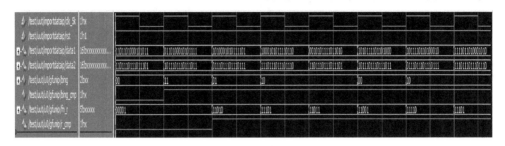

图 9.6　G 函数模块仿真图

由图 9.6 可知，本节所设计的 G 函数模块在时钟信号 clk_5k、复位信号 rst 以及使能信号 bing_cmp 的驱动下，能正确地将串并转换模块的输出信号 bing 和发送的第二维数据信息 data2 映射成选择直接数字频率合成器输出频率的频率控制字 fn_r，同时输出有效指示信号 r_cmp。仿真结果表明，本节所设计的 G 函数模块能完成对数据信息的映射，验证了设计的正确性。

9.2.4　直接数字频率合成器的设计

直接数字频率合成器（direct digital synthesizer，DDS）是一种用数字技术产生信号波形的方法，它是由美国学者 Tierncy、Rader 和 Gold 在 1971 年提出的。他们以数字信号处理理论为基础，从相位概念出发，提出了一种新的直接合成所需波形的全数字频率合成方法。本章需要使用 DDS 技术合成正弦波，下面介绍生成正弦波的具体过程。

虽然正弦波的幅值随时间的变化不是线性的，但是正弦波的相位随时间却是线性变化的，DDS 技术就是利用这个原理来产生正弦信号的。假设一个正弦信号的表达式为

$$\sin(t) = A\sin(2\pi ft + \theta) \tag{9.1}$$

式中，A 为正弦信号的幅值；f 为正弦信号的频率；θ 为正弦信号的初始相位。相位对时间的导数可以表示为

$$\frac{\mathrm{d}(\theta(t))}{\mathrm{d}t} = 2\pi f \tag{9.2}$$

由式（9.2）可知，当频率一定的条件下，相位随时间的变化呈线性变化，所以可以通过查找表法来产生所需要的正弦信号。查找表法就是把一个周期的正弦信号转换成一系列离散的二进制数，将其存储到只读存储器（read only memory，ROM）中，然后通过地址计数器连续读出 ROM 中的数据，再通过 DA 转换、低通滤波就可以产生正弦信号。正弦信号产生的原理如图 9.7 所示。

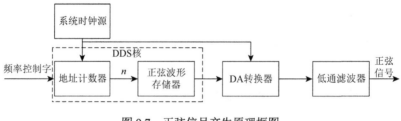

图 9.7　正弦信号产生原理框图

图 9.7 中地址计数器的地址范围为 $0 \sim 2^n - 1$，系统时钟的周期为 T，因此所产生的正弦信号的频率与系统时钟周期的关系可以表示为

$$f = 2^n \frac{1}{T} \tag{9.3}$$

集成软件环境（integrated software environment，ISE）中自带有 DDS 核，因此只需要调用、配置 ISE 内部的 IP 核即可，这样可以显著缩短开发时间，本节以配置 2.93MHz 的正弦信号发生器为例，介绍一下 DDS IP 核的配置过程。

首先选择系统时钟为 100MHz, 输出通道数为 1, 刚开始的时候为了减少 DDS IP
核的使用, 选择输出通道为 2, 但是通过后续仿真结果发现, 产生的 DFH-2FSK
信号出现了混叠, 其原因是在选择两个通道输出时, 相当于每个通道的时钟是
系统时钟的一半, 因此选择输出通道数为 1。无杂散动态范围设置为 80, 这个
参数的配置用来设定输出正弦信号的位宽。具体配置如图 9.8 所示。然后选择
输出波形为正弦波输出, 如图 9.9 所示。

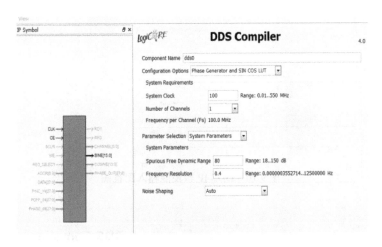

图 9.8　DDS IP 核输入配置图

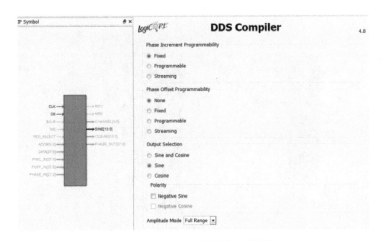

图 9.9　DDS IP 核输出配置图

最后选择使能输出，并设置输出频率为 2.93MHz，选择使能输出是为了让 DDS 不处在一直工作的状态，从而达到降低系统功耗的目的。具体配置如图 9.10 和图 9.11 所示。DDS 模块信号接口说明如表 9.6 所示。

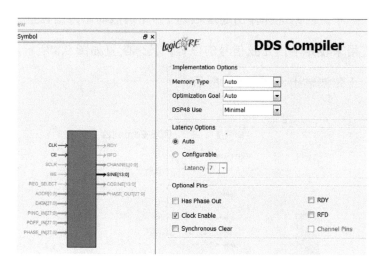

图 9.10　DDS IP 核使能输入配置图

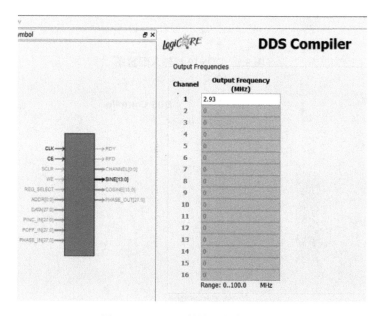

图 9.11　DDS IP 核输出频率配置图

表 9.6　DDS 模块信号接口说明

端口名	端口位宽/bit	方向	功能描述
clk	1	输入	工作时钟
ce	1	输入	使能有效信号，高电平有效
sin	14	输出	输出的正弦信号

在 ISE12.2 开发环境下，调用第三方仿真工具 Modelsim-SE10.2c，对所设计的 DDS 模块进行仿真，仿真结果如图 9.12 所示。

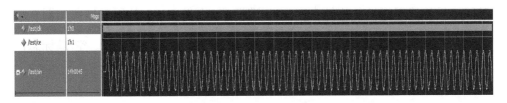

图 9.12　DDS 模块仿真图

由图 9.12 可知，本节所设计的 DDS 模块在时钟信号 clk、使能信号 ce 的驱动下，能正确地输出正弦信号 sin。仿真结果表明，本节所设计的 DDS 模块能完成正弦信号的产生，验证了设计的正确性。

9.3　信号接收模块设计

9.3.1　异步 FIFO 模块的设计

FIFO 是先进先出的简称，它是常常使用在不同数据速率之间的一种数据缓存器，如 AD 采样的数据量为 200Mbit/s，而数据总线的最大传输速度为 1Gbit/s，这个时候就可以使用 FIFO 来进行数据的缓存。另外，不同数据位宽之间也可以使用 FIFO，如 AD 采样后的数据位宽为 16bit，FPGA 处理的数据位宽为 14bit，也可以使用 FIFO 来进行数据位宽匹配的处理。根据读写时钟是否相同，FIFO 分为同步 FIFO 和异步 FIFO，当读写时钟为同一个时钟源时为同步 FIFO，当读写时钟为不同时钟源时为异步 FIFO。本章使用的是异步 FIFO，因此下面主要介绍异步 FIFO。

设计异步 FIFO 的关键是空/满标志的产生，即数据写满时不再进行写操作，数据读空时不再进行读操作。而空/满标志的产生是根据读写指针的变化产生的，也就是说需要把写指针同步到读时钟域，把读指针同步到写时钟域，通过对同步后的读写指针的比较来产生空/满标志。异步 FIFO 的原理框图如图 9.13 所示，主要包括双口存储器、读地址产生逻辑、写地址产生逻辑、空/满标志产生逻辑等部分。

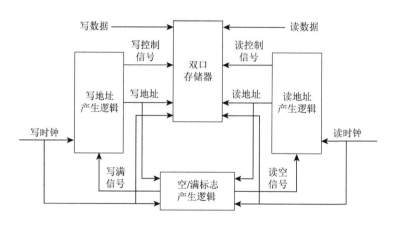

图 9.13 异步 FIFO 原理框图

为了节约开发设计的时间，使用 ISE 内部的 FIFO IP 核，这样在清楚异步 FIFO 原理后，只需要根据 XILINX 官方提供的 FIFO IP 核的 Datasheet 对其进行配置即可，首先选择读写时钟模式为不同，即选择使用异步 FIFO，配置如图 9.14 所示。

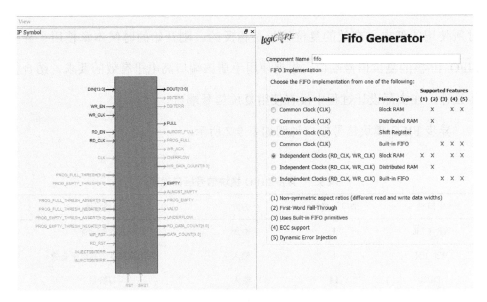

图 9.14　异步 FIFO IP 核配置图

根据使用的 AD/DA 子卡，设置读写数据的位宽均为 14bit，写数据的深度为 1024，这里的写数据深度的含义就是能存储多少个位宽为 14bit 的数据，配置如图 9.15 所示。需要注意的是，复位信号端口是一个高电平有效的信号，和平

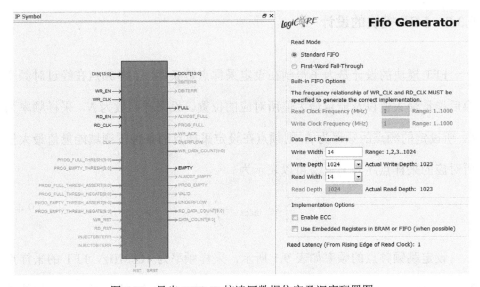

图 9.15　异步 FIFO IP 核读写数据位宽及深度配置图

时所使用的低电平有效的复位信号是相反的。刚开始的时候本章使用了异步 FIFO IP 核的复位信号端口，根据使用手册该端口高电平有效的要求，结合整体设计，在实际设计过程中没有使用复位信号端口。

异步 FIFO 模块信号接口说明如表 9.7 所示。

表 9.7 异步 FIFO 模块信号接口说明

端口名	端口位宽/bit	方向	功能描述
WR_CLK	1	输入	写数据时钟
WR_EN	1	输入	写数据使能，高电平有效
DIN	14	输入	写数据
RD_CLK	1	输入	读数据时钟
RD_EN	1	输入	读数据使能，高电平有效
DOUT	14	输入	读数据
FULL	1	输出	写满标志
EMPTY	1	输出	读空标志

9.3.2 FFT 模块的设计

FFT 模块的设计是为了得到在设定采样点数条件下，各频点在经过时频变换后能量最大值以及能量最大值所对应的位置。设采样点数为 N，采样频率为 f_s，所设定的频点的频率为 f，则频点在设定采样点的条件下频域能量值最大值所对应的采样点序号 x_{k_index} 可以表示为

$$x_{k\_index} = \frac{N}{f_s} f \tag{9.4}$$

设定跳频频点的频率如表 9.1 所示，采样频率为 100MHz，FFT 的采样点数为 1024。在上述所设定的参数条件下，由式（9.4）可以得到各频点和其频

域能量值最大值所对应的采样点序号 x_{k_index} 说明如表 9.8 所示。

　　FFT 模块是接收端的核心部分，因为只有正确得到频点的频域能量值最大值所对应的采样点序号 xk_index，才能使后续各模块解析出正确的数据信息。FFT 模块使用 ISE12.2 中的 FFT IP 核，其用户配置如图 9.16 所示。

表 9.8　频域能量值最大值所对应的采样点序号说明

频率/MHz	x_{k_index}	频率/MHz	x_{k_index}	频率/MHz	x_{k_index}
2.93	30	6.54	67	9.47	97
3.22	33	6.93	71	9.86	101
3.61	37	7.32	75	10.06	103
3.81	39	7.52	77	10.25	105
4	41	7.81	80	10.45	107
9.2	43	8.01	82	10.74	110
9.49	46	8.20	84	11.13	114
9.88	50	8.40	86	11.52	118
5.27	54	8.59	88		
5.76	59	8.79	90		
6.05	62	8.98	92		
6.25	64	9.18	94		

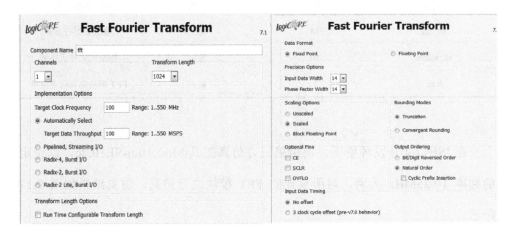

图 9.16　FFT IP 核配置图

在图 9.16 中设定采样时钟为 100MHz，采样点数为 1024，设定输入和输出的数据位宽为 14bit，选择输出方式为自然序列（natural order）输出，选择自然序列输出很重要，因为这会影响到后续输出的结果。进行 FFT 后得到的是信号的实部分量和虚部分量，此时只需对这两个分量求平方然后相加就可以得到信号在频域上能量值的平方。由于进行平方运算、相加运算会导致得到的结果比实际输出的频域能量值最大值所对应的采样点序号 xk_index 出现延时，可以将 FFT IP 核的输出信号接口 xk_index 通过触发器延时即可。这样就得到了信号在频域上能量的最大值和其频域能量值最大值所对应的采样点序号 xk_index。FFT 模块信号接口说明如表 9.9 所示。

表 9.9　FFT 模块信号接口说明

端口名	端口位宽/bit	方向	功能描述
clk	1	输入	时钟信号
start	1	输入	FFT 模块启动信号
xn_re	14	输入	输入数据的实部
xn_im	14	输入	输入数据的虚部
xk_re	14	输出	输出数据的实部
xk_im	14	输出	输出数据的虚部
xk_index	10	输出	输出的采样点序号
done	1	输出	FFT 模块完成标志信号

在 ISE12.2 开发环境下，调用第三方仿真工具 Modelsim-SE10.2c，以设定的频率 10.25MHz 为例，对所设计的 FFT 模块进行仿真，仿真结果如图 9.17 所示。

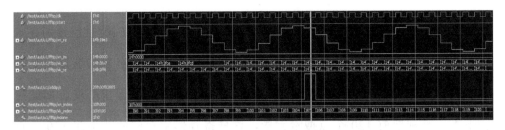

图 9.17　FFT 模块仿真图

如图 9.17 所示，输入的信号通过 FFT 模块进行时频变换后的实部、虚部平方相加后的最大值为 s，频域能量值最大值所对应的采样点序号 xk_index = 105，仿真结果和理论设计一致，验证了设计的正确性。

9.3.3　频率序列识别模块的设计

频率序列识别模块的最终目的是解析出所设计频点的频率控制字。它是通过对各频点傅里叶变换后的能量值和 FFT 后频域能量值最大值所对应的采样点序号 xk_index 进行处理，进而解析出对应频点的频率控制字。

定义 9.1　DFH-2FSK 信号的跳频点数为 n，傅里叶变换的采样点数为 m，经过 FFT 后，各频点对应的能量值为向量 $a = (a_1, a_2, \cdots, a_n)$，输出的采样点序号 xk_index 的向量为 $\varepsilon = (0, 1, \cdots, m-1)$，频率控制字向量为 $\xi = (0, 1, \cdots, n-1)$。

频率序列识别模块的具体设计如下：首先对 FFT 后输出的采样点序号 xk_index 进行搜索。由于频点经过 FFT 后呈镜像对称，所以只需对 0～第 $m/2-1$ 序号进行搜索。由于最后要对所产生的信号进行无线信道下的测试，所以要考虑到无线信道下的干扰问题。设置两个寄存器，一个用来存储输出的采样点序号 xk_index，另一个用来存储信号在频域的能量值。本章 FFT 的采样点数是 1024，所以理论上只需要对前 512 个点搜索即可，但考虑到设定的频点在频域上的最大采样点序号为 118，所以对前 120 个序号进行搜索即可，这样做是为了提高系统的工作效率。首先把第一个序号和其对应的能量值分别存入设定的寄存器，当下一个时钟沿到来时，比较第二个序号对应的能量值是否大于寄存器中的值，如果大于将其替换，否则寄存器的值保持不变。如此进行下去，直到把前 120 个点搜索完毕，这样寄存器中存储的就是前 120 个点中对应的能量最大值和能量最大值对应的序号。当前 120 个点搜索完毕后，将其输出，通过输出的序号，可以得到频率控制字。频率序列识别模块信号接口说明如表 9.10 所示。

表 9.10　频率序列识别模块信号接口说明

端口名	端口位宽/bit	方向	功能描述
clk	1	输入	工作时钟
rst	1	输入	复位信号，低电平有效
e_done	1	输入	使能信号，高电平有效
fft_in	29	输入	输入频点能量值
xk_index_in	10	输入	输入的采样点序列
fn_index	4	输出	输出的频率控制字
cmp	1	输出	信号输出有效标志位

在 ISE12.2 开发环境下，调用第三方仿真工具 Modelsim-SE10.2c，对所设计的频率序列识别模块进行仿真，仿真结果如图 9.18 所示。

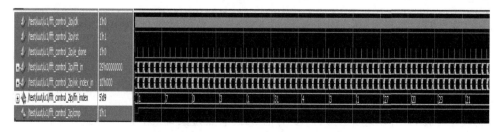

图 9.18　频率序列识别模块仿真图

由图 9.18 可以看出,频率序列识别模块通过对频点能量值和采样点序列的解析,正确解析出了频率控制字 fn_index,仿真结果验证了模块设计的正确性。

9.3.4　二维 G^{-1} 函数模块的设计

二维 G^{-1} 函数解析模块是接收端的核心模块,它是根据信号产生端所设计 G 函数模块的逆运算。通过二维 G^{-1} 函数解析模块的运算,就可以解析出所发送的数据信息。本章使用基于逐符号译码的 G^{-1} 函数算法来设计二维 G^{-1} 函数。根据 9.3.3 节中 G 函数模块的设计,设计的二维 G^{-1} 函数解析步骤如下。

定义 9.2　频率序列识别模块解析的频率控制字为 $\mathrm{fn\_index\_32}$,在解析出第二维数据信息的前提下,前一跳的频率控制字为 $\mathrm{fn-1\_index}$,当前跳频率控制字为 $\mathrm{fn\_index}$,频率偏移量为 s, sign 和 n_sign 代表符号位,分别表示当前跳和上一跳频率控制字的差值为正数时补 0、为负数时补 1,bu_0 代表补位符号 0。

步骤一:首先判断频率序列识别模块解析的频率控制字为 $\mathrm{fn\_index\_32}$ 的最低位是 0 还是 1,如果是 0 则第二维数据信息为 0,如果是 1 则第二维数据信息为 1。

步骤二:判断 $\mathrm{fn\_index}$ 是否大于 $\mathrm{fn-1\_index}$,如果成立则执行步骤三,否则执行步骤四。

步骤三:判断 $\mathrm{fn-1\_index} \geqslant 13$ 与 $\mathrm{fn\_index} \leqslant 2$ 是否同时成立,如果同时成立则 s 可表示为

$$s = \mathrm{n\_sign} \,\&\, (\mathrm{fn-1\_index} + 16 - \mathrm{fn\_index}) \tag{9.5}$$

此时称 s 为下溢出。否则 s 可表示为

$$s = \text{sign} \,\&\, \text{bu}\_0 \,\&\, (\text{fn}\_\text{index} - \text{fn}-1\_\text{index}) \tag{9.6}$$

步骤四：判断 $\text{fn}-1\_\text{index} \geqslant 13$ 与 $\text{fn}\_\text{index} \leqslant 2$ 是否同时成立，如果同时成立则 s 可表示为

$$s = \text{sign} \,\&\, (\text{fn}\_\text{index} + 16 - \text{fn}-1\_\text{index}) \tag{9.7}$$

此时称 s 为上溢出。否则 s 可表示为

$$s = \text{n}\_\text{sign} \,\&\, \text{bu}\_0 \,\&\, (\text{fn}-1\_\text{index} - \text{fn}\_\text{index}) \tag{9.8}$$

称式（9.6）和式（9.8）中的 s 未溢出。

步骤五：根据解析到的 s 获得实际发送的第一维数据信息：

$$s = \begin{cases} 00 \begin{cases} 0011, & \text{数据信息 } 00 \\ 0001, & \text{数据信息 } 01 \end{cases} \\ 10 \begin{cases} 0011, & \text{数据信息 } 11 \\ 0001, & \text{数据信息 } 10 \end{cases} \end{cases} \tag{9.9}$$

二维 G^{-1} 函数模块信号接口说明如表 9.11 所示。

表 9.11　二维 G^{-1} 函数模块信号接口说明

端口名	端口位宽/bit	方向	功能描述
clk	1	输入	工作时钟
rst	1	输入	复位信号，低电平有效
start	1	输入	使能信号，高电平有效
fn_index_32	5	输入	输入的频率控制字
X_1D	2	输出	解析出的并行第一维数据信息
X_2D	1	输出	解析出的第二维数据信息
cmp_out	1	输出	信号输出有效标志位

在 ISE12.2 开发环境下，调用第三方仿真工具 Modelsim-SE10.2c，对所设计的二维 G^{-1} 函数解析模块进行仿真，二维 G^{-1} 函数解析模块的仿真结果如图 9.19 所示。

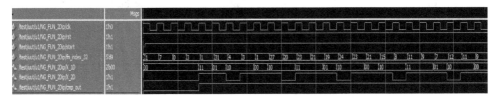

图 9.19　二维 G^{-1} 函数模块仿真图

由图 9.19 可知，二维 G^{-1} 函数解析模块能正确解析出频率序列识别模块的频率控制字 fn_index_32。图中，X_1D 和 X_2D 分别为解析出的第一维的并行数据信息和第二维数据信息，对比发现解析出的第一维数据信息与图 9.5 中串并转换后的 bing 是一致的，解析出的第二维数据信息与图 9.6 中发送的第二维数据信息 data2 是一致的，验证了二维 G^{-1} 函数模块设计的正确性。

9.3.5　并串转换模块的设计

并串转换模块是把二维 G^{-1} 函数解析模块解析出的第一维并行数据转换成串行数据信息。把二维 G^{-1} 函数模块的输出有效信号作为并串转换模块的使能信号，设置一个位宽为 2bit 的寄存器，为了保证串行数据输出的连续性，使用 5kHz 时钟往寄存器中写数据，10kHz 时钟往外读出数据。并串转换模块信号接口说明如表 9.12 所示。

表 9.12　并串转换模块信号接口说明

端口名	端口位宽/bit	方向	功能描述
aclk	1	输入	5kHz 工作时钟

续表

端口名	端口位宽/bit	方向	功能描述
aclk2	1	输入	10kHz 工作时钟
rst	1	输入	复位信号，低电平有效
en	1	输入	使能信号，高电平有效
din	2	输入	两位并行数据信息
dout	1	输出	一位串行数据信息

在 ISE12.2 开发环境下，调用第三方仿真工具 Modelsim-SE10.2c，对所设计的并串转换模块进行仿真，并串转换模块的仿真结果如图 9.20 所示。

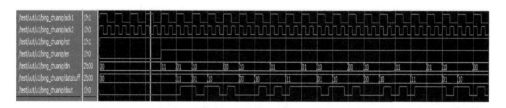

图 9.20　并串转换模块仿真图

由图 9.20 可知，并行数据 din 在时钟 aclk1 的驱动下被存入寄存器 databuff 中，然后在时钟 aclk2 的驱动下 databuff 中的数据被读出，最终并行数据 din 被转换成串行数据 dout。通过对比可以发现，转换后的串行数据 dout 和图 9.5 中串并转换前的串行数据 data1 是一致的。仿真结果验证了并串转换模块设计的正确性。

9.4　仿　真　分　析

9.2 节和 9.3 节分别介绍了 DFH-2FSK 信号产生和接收部分各关键模块的设计，并对所设计的各模块进行了仿真与验证。本节将对信号产生和接收模块在 ISE 开发环境和 Modelsim 仿真环境下进行整体的仿真。进一步,使用 ML605 开发板、上变频发射机、下变频接收机、射频天线和高速 AD/DA 子卡对所设计的模块进行板级仿真与验证。设计的具体参数如下:系统跳速为 5000 跳/s,工作波段为 2.93~11.52MHz,每跳传输信息 3bit,跳频频点数为 32,FFT 采样点数为 1024,采样频率 f_s = 100MHz,为了便于对接收信号的观察,设定发送的第一维数据信息为 0010001000100010,第二维数据信息为 1101110111011101。具体频率值和频率控制字如表 9.13 所示。

表 9.13 频率值和频率控制字说明

频率控制字	频率/MHz	频率控制字	频率/MHz	频率控制字	频率/MHz
0	2.93	12	6.54	24	9.47
1	3.22	13	6.93	25	9.86
2	3.61	14	7.32	26	10.06
3	3.81	15	7.52	27	10.25
4	4	16	7.81	28	10.45
5	9.2	17	8.01	29	10.74
6	9.49	18	8.20	30	11.13
7	9.88	19	8.40	31	11.52
8	5.27	20	8.59		
9	5.76	21	8.79		
10	6.05	22	8.98		
11	6.25	23	9.18		

在上述设定参数条件下,基于 ISE 开发环境,使用 Verilog HDL 语言,调用第三方仿真工具 Modelsim,对 DFH-2FSK 信号的产生和接收进行仿真分析。DFH-2FSK 信号产生与接收仿真图如图 9.21 和图 9.22 所示。

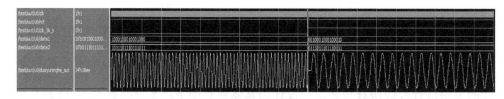

图 9.21　DFH-2FSK 信号产生仿真图

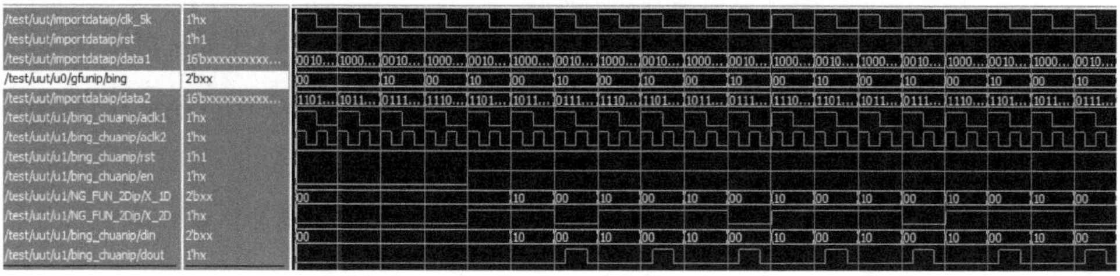

图 9.22　DFH-2FSK 信号接收仿真图

　　由图 9.21 可知，发送的数据信息为 data1、data2，duoyuronghe_out 为产生的 DFH-2FSK 信号。在图 9.21 数据信息变化处相邻信号的频率发生了明显跳变，验证了信号产生模块设计的正确性。由图 9.22 可知，二维 G^{-1} 函数解析模块正常工作，正确解析出发送的第一维数据信息 data1 和第二维数据信息 data2。通过对比可以发现，解析出来的第一维数据信息 X_1D 与发送端 data1 串并转换后的数据 bing 是一致的，解析出来的数据 X_2D 与发送的数据信息 data2 是一致的。最终经过并串转换后的 dout 与发送的数据信息 data1 是一致的。综合图 9.21 和图 9.22 的仿真结果可以证明所设计的 DFH-2FSK 信号产生和接收模块是正确的。

　　在上述 DFH-2FSK 信号产生和信号接收仿真的基础上，基于软件无线电平台采用 XILINX 公司的 Virtex6 系列 XC6VLX240T 芯片，使用两块 ML605 开发板、一台上变频发射机、一台下变频接收机、一对天线和两块高速 AD/DA 子卡，对 DFH-2FSK 信号产生和接收模块进行无线信道上的测试分析。ML605 开发板上变频发射机、下变频接收机、天线和高速 AD/DA 子卡硬件实物图如图 9.23 所示。

图 9.23　硬件实物图

基于软件无线电平台对 DFH-2FSK 信号产生进行测试与分析，测试结果如图 9.24 和图 9.25 所示。

图 9.24　DFH-2FSK 信号产生实物图

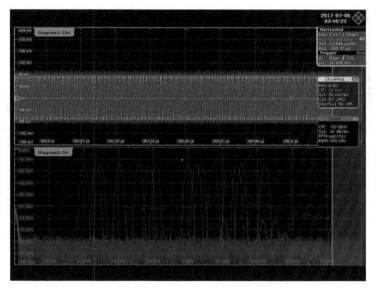

图 9.25　DFH-2FSK 信号产生测试图

图 9.25 上半部分是 DFH-2FSK 信号的时域波形，由于示波器缓冲区限制，无法捕捉到 DFH-2FSK 信号在时域上相邻两跳信号频点跳变波形；图 9.25 下半部分为频域波形，但是由于所设计的频点较多，跳速较快，无法在一个截图窗口上看到所有频点的频谱。但是通过多次截图分析可以发现，本章所设计的模块实现了 DFH-2FSK 信号的产生，且信号产生效果良好。

使用片上逻辑分析仪 Chipscope 对 DFH-2FSK 信号的接收进行测试与分析，测试结果如图 9.26 所示。

由图 9.26 可知，接收到的第一维数据信息 DATA_1D 和发送的数据信息经过串并转换后的 bing 是一致的。片上逻辑分析仪是对片上信号的实时抓取，所以使用 Chipscope 得到的是某一时刻刷新数据。通过对图 9.26 中前一跳频率控制字 $fn-1\_index$、后一跳频率控制字 fn_index 和频点偏移量 s 分析可知，最终所接收到的第一维数据信息 dout 和第二维数据信息 X_2D 与所发送的数据信息一致。综合信号产生和接收测试结果，本章设计的 DFH-2FSK 信号产生和接收

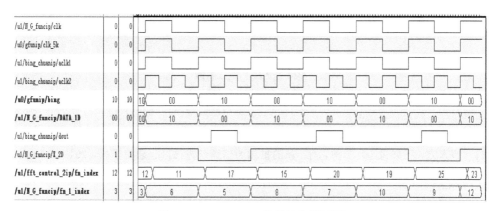

图 9.26　DFH-2FSK 信号接收测试图

模块能实现 DFH-2FSK 信号在无线信道上的无线收发，验证了设计模块的可靠性和精确性。基于 FPGA 的 DFH-2FSK 信号产生和接收模块所使用的逻辑资源说明如表 9.14 所示。

表 9.14　FPGA 逻辑资源使用说明

资源	使用资源	资源总数	使用比例/%
寄存器	7858	301440	2.6
查找表	6559	150720	4.4
逻辑单元	3636	150720	2.4
管脚	66	600	11
存储器	780	58400	1.3
全局时钟	6	32	18.8

参 考 文 献

[1] 康家方，王红星，赵志勇，等. 新的扩频通信调制方法[J]. 通信学报，2013，34（5）：56-63.

[2] Stavros S，Stergios T，Fani S，et al. Review of state-of-the-art decision support systems（DSSS）for prevention and suppression of forest fires[J]. Journal of Forestry Research，2017，28（6）：1107-1117.

[3] Shen Y Y，Wang Y Q，Liu M L，et al. Acquisition algorithm assisted by AGC control voltage for DSSS signals[J]. Science China（Technological Sciences），2015，58（12）：2195-2206.

[4] Guan M X，Wang L. A novel recognition method for low SNR DSSS signals based on four-order cumulant and eigenvalue analysis[J]. Chinese Journal of Electronics，2015，24（3）：648-653.

[5] 唐璟宇，程剑. 直扩信号载波频率检测方法性能分析[J]. 通信技术，2017，50（5）：903-907.

[6] 任文丽. 跳频序列与低相关序列研究[D]. 天津：南开大学，2013：34-41.

[7] 陆丹丹，朱立东. 跳频通信系统的盲窄带干扰抑制算法[J]. 无线电通信技术，2016，42（1）：18-20，42.

[8] 王慧. 跳频接收机同步技术的研究与实现[D]. 哈尔滨：哈尔滨工业大学，2009：7-16.

[9] 叶尚元. 跳频通信系统的 MATLAB 仿真[J]. 数据通信，2016，（4）：41-46.

[10] 张益东，杨文革. 基于压缩感知的跳频信号接收处理方法综述[J]. 通信技术，2016，49（4）：383-390.

[11] 王后闯. Turbo-DFH 系统 G 函数设计及 DSP 实现[D]. 西安：西安电子科技大学，2012：

43-49.

[12] 熊俊俏. 多载波短波差分跳频通信技术的研究[D]. 武汉：武汉大学，2013：3-9.

[13] 禤展艺. 基于差分跳频的短波高速跳频通信系统关键技术研究[J]. 电子测试，2016，（16）：45-46.

[14] 周志强. 跳频通信系统抗干扰关键技术研究[D]. 西安：电子科技大学，2010：36-39.

[15] 汪晓宁. 准同步跳频通信系统信号设计、多址干扰与同步性能分析[D]. 成都：西南交通大学，2010：53-58.

[16] Zhu Y C，Gan L C，Xiong J Q. Anti-jamming performance of low-density parity-check coded differential frequency hopping systems[J]. Chinese Journal of Radio Science，2011，26（3）：458-465.

[17] Zhang S Y，Yao F Q. Research on the adaptive frequency hopping technique in the correlated hopping enhanced spread spectrum communication[C]. ICMMT 4th International Conference on Microwave and Millimeter Wave Technology，IEEE，2004：857-860.

[18] 李少谦，董彬虹，陈智. 差分跳频通信原理及应用[M]. 西安：西安电子科技大学出版社，2007：439-456.

[19] 刘明洋. OFDM 系统的性能分析与仿真[D]. 西安：西安电子科技大学，2014：30-36.

[20] 周鹏，赵春明，史志华，等. AWGN 信道中载波频偏影响下的 PCC-OFDM 系统性能分析[J]. 中国科学（E 辑：信息科学），2007，（10）：1339-1353.

[21] Luo Z. Performance comparison of SC-FDMA-CDMA and OFDM-CDMA systems for uplink[C]. 2011 International Conference on Consumer Electronics，Communications and Networks（CECNet），IEEE，2011：1475-1479.

[22] Palanisamy P，Sreedhar T V S. Performance analysis of raptor codes in OFDM systems[C]. 1st International Conference on Emerging Trends in Engineering and Technology，IEEE，2008：

1307-1312.

[23] 柳华, 柳玉玲. 直扩通信单频强干扰抑制技术研究[J]. 信息技术, 2016,（8）: 106-109, 113.

[24] 周扬伟, 李岱若, 杨雅雯. DSSS 技术对不同干扰样式干扰信号抗干扰性能分析[J]. 指挥控制与仿真, 2018, 40（2）: 131-135.

[25] 侯文博. 噪声干扰对 DSSS 调制系统对抗效果仿真研究[J]. 现代导航, 2017, 8（5）: 377-380.

[26] 曾辉. DSSS 信号的盲分离技术研究[D]. 西安: 西安电子科技大学, 2019: 31-34.

[27] 蔡城鑫, 施白雪, 徐慨. 单音及部分频带干扰下 DSSS 系统性能分析[J]. 航天电子对抗, 2019, 35（4）: 35-39.

[28] 李思奇, 全厚德, 崔佩璋, 等. 基于混沌特性的跳频序列复杂度分析[J]. 电子技术应用, 2013, 39（8）: 113-116.

[29] 彭晓. 跳频通信非合作接收技术研究[D]. 西安: 西安电子科技大学, 2017: 21-27.

[30] 翁平洋. 认知跳频系统中相位调制接收技术的研究与实现[D]. 西安: 西安电子科技大学, 2017: 46-51.

[31] 王丁. 跳频通信系统中同步技术的研究与仿真分析[D]. 杭州: 杭州电子科技大学, 2014: 16-22.

[32] 周世阳. 基于频率子集的相干快速跳频系统抗干扰技术研究[D]. 西安: 西安电子科技大学, 2017: 27-33.

[33] 郭艳伟. 跳频通信系统中自适应调制编码的研究与实现[D]. 北京: 北京邮电大学, 2014: 51-55.

[34] 丁雅辉. 分集差分跳频抗干扰及衰落性能的研究[D]. 武汉: 武汉大学, 2013: 3-7.

[35] 陈勇, 赵杭生. 差分跳频 G 函数算法的研究[J]. 通信学报, 2006, 27（10）: 100-105.

[36] 宋延光. 压缩频谱的差分跳频系统性能分析[D]. 西安: 西安电子科技大学, 2014: 36-41.

[37] 曹波. 基于地址编码的 MC_DFH 系统性能分析[D]. 西安: 西安电子科技大学, 2016: 6-15.

[38] 朱文杰，易本顺，甘良才. 喷泉码差分跳频系统在 AWGN 中抗部分频带干扰性能研究[J]. 系统工程与电子技术，2016，38（3）：665-671.

[39] 唐鹏. 压缩频谱的 Turbo-DFH 系统性能分析[D]. 西安：西安电子科技大学，2016：31-34.

[40] 王欣，陶杰，崔佩璋，等. 基于 Simulink 的跳频通信系统的抗干扰性能分析[J]. 通信技术，2018，（6）：1277-1281.

[41] 林苍松. 短波信道模型下差分跳频通信技术研究[D]. 北京：北京理工大学，2008：39-44.

[42] Nejad A Z，Aref M R. Designing a multiple access differential frequency hopping system with variable frequency transition function[C]. Wireless and Microwave Technology Conference，WAMICON'06，2006：1-2.

[43] 潘武，周世东，姚彦. 差分跳频通信系统性能分析[J]. 电子学报，1999，（S1）：13-22.

[44] 余晓玫，谭祥，张媛. 差分跳频通信技术在船用通信系统的应用[J]. 舰船科学技术，2018，40（6）：94-96.

[45] 滕振宇，冯永新. 差分跳频通信抗干扰效能分析[J]. 火力与指挥控制，2012，37（1）：11-15.

[46] 裴小东，彭茜，白天明，等. 基于回归移位寄存器的差分跳频码维特比检测性能[J]. 电波科学学报，2015，30（6）：1151-1156.

[47] 陈智，李少谦，董彬虹. 瑞利衰落信道下差分跳频通信系统的性能分析[J]. 电波科学学报，2007，22（1）：126-129.

[48] Zou J，Cao X Y. Synchronization scheme of FH-OFDM in Ad hoc physical layer[C]. 12th IEEE International Conference on Communication Technology（ICCT），Nanjing，2010：319-324.

[49] Lee K，Moon S H，Lee I. A low-complexity semi-blind joint CFO and data estimation algorithm for OFDM systems[C]. 2012 IEEE 75th Vehicular Technology Conference（VTC Spring），Yokohama，2012：1-5.

[50] Meng J，Kang G. A novel OFDM synchronization algorithm based on CAZAC sequence[C].

2010 International Conference on Computer Application and System Modeling（ICCASM），IEEE，2010：V14-634-V14-637.

[51] 张志军，杨育捷，李思嘉，等. 抑制 OFDM 系统载波间干扰的 sinc 功率脉冲优化[J]. 电讯技术，2014，54（3）：318-322.

[52] 姚志强，罗荆，丁跃华，等. 分布式 MIMO-OFDM 系统帧同步性能分析[J]. 电子学报，2013，41（10）：1933-1938.

[53] 杨梦琳. 基于 OFDM 的可见光通信系统的研究[D]. 长春：吉林大学，2019：43-46.

[54] 王文博，郑侃. 宽带无线通信 OFDM 技术[M]. 北京：人民邮电出版社，2003：7-15.

[55] Kurian A P. Performance enhancement of DS/CDMA system using chaotic complex spreading sequence[J]. IEEE Transactions on Wireless Communications，2005，4（5）：984-989.

[56] 曾琦，彭代渊. 相位调制的多用户 OFDM-FH 通信系统性能分析[J]. 电子学报，2010，38（4）：943-948.

[57] 琚安康，郭渊博，李涛，等. 基于网络通信异常识别的多步攻击检测方法[J]. 通信学报，2019，40（7）：57-66.

[58] 余建平. 信号识别下无线网络通信故障断点智能检测方法[J]. 舰船科学技术，2019，41（12）：130-132.

[59] 牛景昌. 时变多普勒频移直扩信号的检测方法[J]. 无线电通信技术，2014，40（5）：37-39.

[60] 陶冶，杨喜娟. 线性调频信号的检测与调制参数估值[J]. 通信技术，2019，52（7）：1569-1573.

[61] 李伟. 数字通信信号的自动识别与参数估计算法研究[J]. 西安文理学院学报（自然科学版），2018，21（5）：58-63.

[62] 石荣，杜宇，胡苏. 变换域通信信号侦察中的参数估计方法[J]. 无线电通信技术，2018，44（2）：174-179.

[63] 赵知劲，李淼，吴金沂. 长码直扩信号扩频序列估计[J]. 杭州电子科技大学学报（自然科学版），2015，35（2）：1-4.

[64] 汪赵华，陈昊，郭立. 基于频域平滑循环周期图法的直接序列扩频信号的参数估计[J]. 中国科学技术大学学报，2010，40（5）：466-473.

[65] 肖沈阳，金志刚，苏毅珊，等. 压缩感知 OFDM 稀疏信道估计导频设计[J]. 北京航空航天大学学报，2018，44（7）：1-7.

[66] 白宇琼. LTE 信道估计的设计与实现[D]. 重庆：重庆邮电大学，2017：56-62.

[67] 贺永娇，李晶，鲍莹莹，等. 基于频域合成和时域合成的光学函数波形产生技术[J]. 光通信技术，2019，8（12）：55-58.

[68] 邹金鹏，姜顺，潘丰. 高速率通信网络下时变系统的有限时域 H∞控制[J]. 计算机工程与应用，2019（20）：1-9.

[69] 王欢欢，张涛. 结合时域分析和改进双谱的通信信号特征提取算法[J]. 信号处理，2017，33（6）：864-871.

[70] 李尚坤，李燕龙，王俊义，等. 基于时域有限差分和非参数核回归的室内移动通信干扰信号预测模型研究[J]. 计算机应用研究，2017，34（4）：1213-1216.

[71] 程宇，黄治华，袁林锋. 一种适用于无线视频通信的时域错误掩盖算法[J]. 舰船电子工程，2015，35（8）：38-40，53.

[72] 曹立伟. 时域 MIMO 信道测量平台设计与通信模块实现[D]. 哈尔滨：哈尔滨工业大学，2013：56-71.

[73] 杨旭. 基于直扩空时的多域联合 MIMO 通信抗干扰技术研究[D]. 哈尔滨：哈尔滨工程大学，2019：36-44.

[74] 冯春柳，罗芳. 跨层多域电力通信网的弹性光网络架构研究[J]. 电气应用，2019，38（8）：111-115.

[75] 田弘博. 无线通信智能多域抗干扰决策方法研究[D]. 哈尔滨：哈尔滨工程大学，2019：50-52.

[76] 郭黎利，李国彬. OFDM 系统频偏估计补偿方案的 FPGA 设计与实现[J]. 自动化技术与应用，2017，36（2）：26-29.

[77] 王玮. 高校 WLAN 无感知认证系统的设计与实现[J]. 软件工程，2019，（9）：23-27.

[78] 张义超，孙子文. 基于优化卷积深度信念网络的智能手机身份认证方法[J]. 激光与光电子学进展，2019，9（8）：92-102.

[79] 张金玲. 基于信道信息的无线通信接入认证技术研究[D]. 西安：西安电子科技大学，2017：53-57.

[80] 周文颖. 无线通信网络中身份匿名认证技术的研究[D]. 兰州：兰州理工大学，2012：39-42.

[81] 王永强. 网格通信安全认证机制研究[D]. 西安：西安电子科技大学，2010：22-26.

[82] 邱晓英. 智能化物理层安全认证及传输技术研究[D]. 北京：北京邮电大学，2019：17-20.

[83] 郑泽良. 无线物理层认证技术研究[D]. 南京：南京邮电大学，2018：55-58.

[84] 李兴志，金梁，钟州，等. 基于物理层密钥的消息加密和认证机制[J]. 网络与信息安全学报，2018，4（8）：31-38.

[85] 崔笑博. 基于可重构天线的通信侦察系统关键技术研究[D]. 郑州：解放军信息工程大学，2012：29-34.

[86] 孔松. 通信信号特征的压缩重构方法研究[D]. 北京：北京邮电大学，2018：14-22.

[87] 罗万团，方旭明，程梦. 高速铁路无线通信中基于正交空时码的格型正交重构算法[J]. 通信学报，2014，35（7）：208-214.

[88] 黄河. 移动终端上方向图可重构天线设计[D]. 西安：西安电子科技大学，2010：59-71.

[89] 李鹏凯. 多标准无线通信中的可重构天线关键技术研究[D]. 西安：西安电子科技大学，2018：11-18.

[90] 李渊. 基于 FPGA 的通用总线动态可重构设计[D]. 南京：南京航空航天大学，2015：27-31.

[91] 洪灶根，张杰斌，高强. 基于 FPGA 的 OFDM 通信系统设计与实现[J]. 计算机工程与设计，2018，39（6）：1525-1529.

[92] 董照琦. 基于 FPGA 的 BPSK 调制解调算法的研究与实现[D]. 哈尔滨：哈尔滨工程大学，2016：46-49.

[93] 王振义. 基于 FPGA 的 BPSK 调制解调算法的研究与实现[D]. 郑州：郑州大学，2014：44-48.

[94] 阚鑫. 基于 FPGA 的宽带无线通信系统设计[D]. 北京：北方工业大学，2012：21-34.

[95] 王松. 基于 FPGA 的 DS/FH 系统研究[D]. 西安：西安邮电学院，2012：39-43.

[96] 赵春旭. 基于 FPGA 的短波信道时频调制系统的研究[D]. 大连：大连海事大学，2011：38-46.

[97] Liu Y Q，Li Y，Qi Z W, et al. A scala based framework for developing acceleration systems with FPGAs[J]. Journal of Systems Architecture，2019，98（9）：231-242.

[98] 张同升. 基于 FPGA 数据加密系统中信息传输可靠性研究[D]. 哈尔滨：黑龙江大学，2012：53-57.

[99] 刘勇. 遥测技术中 QAM 调制解调器的 FPGA 实现[D]. 哈尔滨：哈尔滨工程大学，2011：36-39.

[100] 张天宇，贾方秀. 基于 FPGA 的二维 PSD 信号处理系统设计[J]. 中国测试，2019，（8）：135-139.

[101] 郑杰辉. 基于 FPGA 的遥测系统数据存储器控制模块设计[J]. 计算机测量与控制，2019，27（8）：94-98.